"十三五"普通高等教育本科部委级规划教材

· 应用型系列教材 ·

U0149981

总主编　吴国华

洗毛与染色

澳大利亚羊毛发展公司及其子公司　著

刘美娜　侯如梦　高晓艳　栾文辉　译

中国纺织出版社有限公司

内 容 提 要

本书共分两篇。第一篇为洗毛,主要介绍洗毛的流程、各流程的主要工艺参数与所用的设备、洗毛过程中的质量控制、洗毛污水的处理及回收等内容;第二篇为染色,主要介绍羊毛染色所用的染料、染色前处理、染色工艺与染色设备、染色引起的环境问题及解决方法等内容。

本书实用性较强,适合纺织院校相关专业的师生及从事羊毛相关行业的生产技术人员、管理人员和产品开发人员阅读。

版权合同登记号:01-2020-3059

图书在版编目(CIP)数据

洗毛与染色/澳大利亚羊毛发展公司及其子公司著;刘美娜等译. --北京:中国纺织出版社有限公司,2020.6

"十三五"普通高等教育本科部委级规划教材. 应用型系列教材

ISBN 978-7-5180-6965-1

Ⅰ.①洗⋯ Ⅱ.①澳⋯ ②刘⋯ Ⅲ.①洗毛-高等学校-教材②羊毛染色-高等学校-教材 Ⅳ.①TS133②TS193.8

中国版本图书馆 CIP 数据核字(2020)第 074974 号

策划编辑:孔会云 责任编辑:沈 靖 责任校对:寇晨晨
责任印制:何 建

中国纺织出版社有限公司出版发行
地址:北京市朝阳区百子湾东里 A407 号楼 邮政编码:100124
销售电话:010—67004422 传真:010—87155801
http://www.c-textilep.com
中国纺织出版社天猫旗舰店
官方微博 http://weibo.com/2119887771
北京市密东印刷有限公司印刷 各地新华书店经销
2020 年 6 月第 1 版第 1 次印刷
开本:787×1092 1/16 印张:13
字数:246 千字 定价:48.00 元

Disclaimer

Yantai Nanshan University acknowledges that The Woolmark Company is the owner of and has provided the contents of this publication. This publication should only be used as a general aid for students participating in the Woolmark Wool Education Course. It is not a substitute for specific advice. To the extent permitted by law, The Woolmark Company (and its affiliates) excludes all liability for loss or damage arising from the use of the information in this publication.

The Woolmark and Woolmark Blend logos are Certification trade marks in many countries.

The contents of this publication have been translated by Yantai Nanshan University.

声明

烟台南山学院知悉，The Woolmark Company 是本出版物的所有人且为本出版物内容的提供者。本出版物应仅被用作一般性辅助材料，为参加 The Woolmark Company 组织的羊毛教育课程的学生提供指导，不可替代具体的教学建议。在法律允许的范围内，The Woolmark Company 对于因使用本出版物信息而发生的损失或损害不承担任何责任。

在许多国家，纯羊毛标志和羊毛混纺标志为认证商标。

烟台南山学院对本出版物的内容进行了翻译。

序

加快应用型本科教材建设的思考

一、应用型高校转型呼唤应用型教材建设

教学与生产脱节，很多教材内容严重滞后于现实，所学难以致用。这是我们在进行毕业生跟踪调查时经常听到的对高校教学现状提出的批评意见。由于这种脱节和滞后，造成很多毕业生及其就业单位不得不花费大量时间进行"补课"，既给刚踏上社会的学生无端增加了很大压力，又给就业单位白白增添了额外培训成本。难怪学生抱怨"专业不对口，学非所用"，企业讥讽"学生质量低，人才难寻"。

2010 年颁布的《国家中长期教育改革和发展规划纲要（2010—2020 年）》指出，要加大教学投入，重点扩大应用型、复合型、技能型人才培养规模。2014 年，《国务院关于加快发展现代职业教育的决定》进一步指出，要引导一批普通本科高等学校向应用技术类型高等学校转型，重点举办本科职业教育，培养应用型、技术技能型人才。这表明国家已发现并着手解决高等教育供应侧结构不对称问题。

2014 年 3 月，在中国发展高层论坛上有关领导披露，教育部拟将 600 多所地方本科高校向应用技术、职业教育类型转变。这意味着未来几年，我国将有 50% 以上的本科高校（2014 年全国本科高校 1202 所）面临应用型转型，更多地承担应用型人才，特别是生产、管理、服务一线急需的应用技术型人才的培养任务。应用型人才培养作为高等教育人才培养体系的重要组成部分，已经被提上国家重要的议事日程。

"兵马未动、粮草先行"。应用型高校转型要求加快应用型教材建设。教材是引导学生从未知进入已知的一条便捷途径。一部好的教材既是取得良好教学效果的关键因素，又是优质教育资源的重要组成部分。它在很大程度上决定着学生在某一领域发展起点的远近。在高等教育逐步从"精英"走向"大众"直至"普及"的过程中，加快教材建设，使之与人才培养目标、模式相适应，与市场需求和时代发展相适应，已成为广大应用型高校面临并亟待解决的新问题。

烟台南山学院作为大型民营企业——南山集团投资兴办的民办高校，与生俱来就是一所应用型高校。2005 年升本以来，学校依托大企业集团，坚定不移地实施学校地方性、应用型的办学定位，坚持立足胶东，着眼山东，面向全国；坚

持以工为主，工管经文艺协调发展；坚持产教融合、校企合作，培养高素质应用型人才，初步形成了自己校企一体、实践育人的应用型办学特色。为加快应用型教材建设，提高应用型人才培养质量，今年学校推出的包括"应用型教材"在内的"百部学术著作建设工程"，可以视为烟台南山学院升本 10 年来教学改革经验的初步总结和科研成果的集中展示。

二、应用型本科教材研编原则

应用型本科作为一种本科层次的人才培养类型，目前使用的教材大致有两种情况：一是借用传统本科教材。实践证明，这种借用很不适宜，因为传统本科教材内容相对较多，教材既深且厚，与实践结合较少，很多内容理论与实践脱节。二是延用高职教材。高职与应用型本科的人才培养方式接近，但毕竟人才培养层次不同，它们在专业培养目标、课程设置、学时安排、教学方式等方面均存在很大差别。高职教材虽然也注重理论的实践应用，但"小才难以大用"，用高职教材支撑本科人才培养实属"力不从心"，尽管它可能十分优秀。换句话说，应用型本科教材贵在"应用"二字。它既不能是传统本科教材加贴一个应用标签，也不能是高职教材的理论强化，应有相对独立的知识体系和技术技能体系。

基于这种认识，我认为研编应用型本科教材应遵循三个原则：一是实用性原则。教材内容应与社会实际需求相一致，理论适度、内容实用。通过教材，学生能够了解相关产业企业当前的主流生产技术、设备、工艺流程及科学管理状况，掌握企业生产经营活动中与本学科专业相关的基本知识和专业知识、基本技能和专业技能，以最大程度地缩短毕业生知识、能力与产业企业现实需要之间的差距。烟台南山学院的《应用型本科专业技能标准》就是根据企业对本科毕业生专业岗位的技能要求研究编制的一个基本教学文件，它为应用型本科有关专业进行课程体系设计和应用型教材建设提供了一个参考依据。二是动态性原则。当今社会，科技发展迅猛，新产品、新设备、新技术、新工艺层出不穷。所谓动态性，就是要求应用型教材应与时俱进，反映时代要求，具有时代特征。在内容上应尽可能将那些经过实践检验成熟或比较成熟的技术、装备等人类发明创新成果编入教材，实现教材与生产的有效对接。这是克服传统教材严重滞后于生产、理论与实践脱节、学不致用等教育教学弊端的重要举措，尽管某些基础知识、理念或技术工艺短期内并不发生突变。三是个性化原则。教材应尽可能适应不同学生的个体需求，至少能够满足不同群体学生的学习需要。不同的学生或学生群体之间存在的学习差异，显著地表现在对不同知识理解和技能掌握并熟练运用的快慢及深浅程度上。根据个性化原则，可以考虑在教材内容及其结构编排上既有所有学生都要求掌握的基本理论、方法、技能等"普适性"内容，又有满足不同的学生或学生群体不同学习要求的"区别性"内容。本人以为，以上原则是研编应用型本科教材的特征使然，如果能够长期坚持，则有望逐渐形成区别于研究型人才培养的应用型教材体系和特色。

三、应用型本科教材研编路径

1. 明确教材使用对象

任何教材都有自己特定的服务对象。应用型本科教材不可能满足各类不同高校的教学需求，它主要是为我国新建的包括民办高校在内的本科院校及应用技术型专业服务的。这是因为：近10多年来，我国新建了600多所本科院校（其中民办本科院校420所，2014年数据）。这些本科院校大多以地方经济社会发展为其服务定位，以应用技术型人才为其培养模式定位，其学生毕业后大部分选择企业单位就业。基于社会分工及企业性质，这些单位对毕业生的实践应用、技能操作等能力的要求普遍较高，而不苛求毕业生的理论研究能力。因此，作为人才培养的必备条件，高质量应用型本科教材已经成为新建本科院校及应用技术类专业培养合格人才的迫切需要。

2. 加强教材作者选择

突出理论联系实际，特别注重实践应用是应用型本科教材的基本特征。为确保教材质量，严格选择研编人员十分重要。其基本要求：一是作者应具有比较丰富的社会阅历和企业实际工作经历或实践经验，这是研编人员的阅历要求。二是主编和副主编应选择长期活跃于教学一线、对应用型人才培养模式有深入研究并能将其运用于教学实践的教授、副教授或工程技术人员，这是研编团队的领袖要求。主编是教材研编团队的灵魂，选择主编应特别注重考察其理论与实践结合能力的大小，以及他们是"应用型"学者还是"研究型"学者。三是作者应有强烈的应用型人才培养模式改革的认可度，以及应用型教材编写的责任感和积极性，这是写作态度要求。四是在满足以上条件的基础上，作者应有较高的学术水平和教材编写经验，这是学术水平要求。显然，学术水平高、编写经验丰富的研编团队，不仅能够保证教材质量，而且对教材出版后的市场推广也会产生有利的影响。

3. 强化教材内容设计

应用型教材服务于应用型人才培养模式的改革。应以改革精神和务实态度，认真研究课程要求，科学设计教材内容，合理编排教材结构。其要点如下。

（1）缩减理论篇幅，明晰知识结构。应用型教材编写应摒弃传统研究型或理论型人才培养思维模式下重理论、轻实践的做法，确实克服理论篇幅越来越大、教材越编越厚、应用越来越少的弊端。一是基本理论应坚持以必要、够用、适用为度，在满足本课程知识连贯性和专业应用需要的前提下，精简推导过程，删除过时内容，缩减理论篇幅；二是知识体系及其应用结构应清晰明了、符合逻辑，立足于为学生提供"是什么"和"怎么做"；三是文字简洁，不拖泥带水，内容编排留有余地，为学生自我学习和实践教学留出必要的空间。

（2）坚持能力本位，突出技能应用。应用型教材是强调实践的教材，没有

"实践"、不能让学生"动起来"的教材很难取得良好的教学效果。因此，教材既要关注并反映职业技术现状，以行业、企业岗位或岗位群需要的技术和能力为逻辑体系，又要适应未来一段时期技术推广和职业发展要求。在方式上应坚持能力本位、突出技能应用、突出就业导向；在内容上应关注不同产业的前沿技术、重要技术标准及其相关的学科专业知识，把技术技能标准、方法程序等实践应用作为重要内容纳入教材体系，贯穿于课程教学过程，从而推动教材改革，在结构上形成区别于理论与实践分离的传统教材模式，培养学生从事与所学专业紧密相关的技术开发、管理、服务等工作所必需的意识和能力。

（3）精心选编案例，推进案例教学。什么是案例？案例是真实典型且含有问题的事件。这个表述的含义：第一，案例是事件。案例是对教学过程中一个实际情境的故事描述，讲述的是这个教学故事产生、发展的历程。第二，案例是含有问题的事件。事件只是案例的基本素材，但并非所有的事件都可以成为案例。能够成为教学案例的事件，必须包含问题或疑难情境，并且可能包含解决问题的方法。第三，案例是典型且真实的事件。案例必须具有典型意义，能给读者带来一定的启示和体会。案例是故事但又不完全是故事，其主要区别在于故事可以杜撰，而案例不能杜撰或抄袭，案例是教学事件的真实再现。

案例之所以成为应用型教材的重要组成部分，是因为基于案例的教学是向学生进行有针对性的说服、引发思考、教育的有效方法。研编应用型教材，作者应根据课程性质、内容和要求，精心选择并按一定书写格式或标准样式编写案例，特别要重视选择那些贴近学生生活、便于学生调研的案例，然后根据教学进程和学生理解能力，研究在哪些章节，以多大篇幅安排和使用案例，为案例教学更好地适应案例情景提供更多的方便。

最后需要说明的是，应用型本科作为一种新的人才培养类型，其出现时间不长，对它进行系统研究尚需时日。相应的教材建设是一项复杂的工程。事实上从教材申报到编写、试用、评价、修订，再到出版发行，至少需要3~5年甚至更长的时间。因此，时至今日完全意义上的应用型本科教材并不多。烟台南山学院在开展学术年活动期间，组织研编出版的这套应用型本科系列教材，既是本校近10年来推进实践育人教学成果的总结和展示，更是对应用型教材建设的一个积极尝试，其中肯定存在很多问题，我们期待在取得试用意见的基础上进一步改进和完善。

烟台南山学院常务副校长

2016 年国庆节于龙口

前言

  本书是根据澳大利亚羊毛发展公司及其子公司组织的羊毛教育课程中的"洗毛"与"羊毛染色"两个模块的授课内容翻译整理的。

  本书设计了两篇共二十章，第一篇为洗毛，包括第一章至第十一章，主要介绍洗毛的工艺流程、原毛中所含杂质、洗毛前处理、洗涤剂和助剂、洗毛设备、洗毛工艺变量、杂质回收系统所用的设备、洗毛用水中污物的回收及废水处理、洗毛工艺和质量控制；第二篇为染色，包括第十二章至第二十章，主要介绍羊毛的结构及物理化学性质对染色的影响、染色前准备工作、染料和助剂、不同阶段的染色工艺及设备、羊毛与其他纤维混纺的染色工艺、染色实验室、染色的副作用以及所引起的环境问题。其中，洗毛和染色的工艺为本书的重点内容。

  本书既适合纺织院校相关专业的师生使用，也可供从事羊毛相关行业的生产技术人员、管理人员和产品开发人员参考。

  本书的翻译人员及分工如下。第一章至第三章由烟台南山学院刘美娜、王晓整理翻译；第四章至第六章由山东南山智尚科技股份有限公司栾文辉、烟台南山学院侯如梦整理翻译；第七章至第十一章由烟台南山学院闫琳及学生刘洪凤和潭小雨整理翻译；第十二章至第十四章由烟台南山学院王娟和闫琳整理翻译；第十五章至第十七章由烟台南山学院高晓艳、侯如梦整理翻译；第十八章至第二十章由烟台南山学院侯如梦、曲延梅整理翻译。洗毛部分由刘美娜、侯如梦统稿并最后定稿，染色部分由 Allan DeBoos、高晓艳统稿并最后定稿。

  由于译者水平有限，书中难免存在不足与错误，敬请读者批评指正。

译 者

2020 年 2 月

目录

第一篇 洗毛

第二篇　染色

第一篇　洗毛

第一章　洗毛概述

学习目标

1. 理解洗毛的概念。

2. 对洗毛工序有全面的认识。

3. 理解洗毛工序的目的及意义。

4. 掌握影响洗毛工艺的因素。

5. 掌握洗毛在羊毛加工过程中的重要性以及对后续工序的影响。

第一节　洗毛工序简介

一、洗毛的概念

羊毛在作为纺织纤维使用之前必须经过洗毛。

在羊毛加工工序中，洗毛是指羊毛在洗涤溶液中（或适当的有机溶剂中）通过搅拌、揉搓等作用去除杂质的过程，如图1-1所示。搅拌必须保证既可以去除杂质，又能尽量减少纤维纠缠或毡缩。

图1-1　洗毛

有效的洗毛工序应该满足以下条件。

（1）洗毛工艺的设计要满足生产的要求。

（2）羊毛洗净度较高，且毡缩现象较少。

（3）对纤维的损伤小。

（4）成本较低、符合环保的相关法规、满足消费者的需求。有效的洗毛工序应该是在满足环境和经济要求的基础上，成本较低，并满足顾客的需求和标准。

二、洗毛的工艺流程

现代洗毛工艺流程包括以下工序。

（1）前处理。主要包括混毛、开毛等。

（2）洗毛。该工序是每一个洗毛厂的核心工序，可以从含脂毛中去除杂质。

（3）后处理。对洗涤后的羊毛进行烘干，并去除烘干羊毛上的灰尘，此外，该工序需要添加化学助剂，以利于后续加工。后处理结束后，将羊毛运送至下一工序或将洗净毛打包。

（4）杂质回收。利用杂质回收系统，回收羊毛脂或其他物质。处理之后的洗毛溶液可以重新返回至洗毛工序中循环利用。

（5）污水处理。对洗毛溶液进行处理以循环利用，不能循环利用的液体处理到可排放水平后排放至环境中。

三、洗毛在羊毛加工过程中的重要性

洗毛工序应保证羊毛在进入下道工序前达到一定的洁净度，并将去除的杂质回收。如果杂质的去除不够充分，会有较多的不良影响，具体如下。

（1）无法对羊毛进行有效的加工，会造成设备磨损严重或产量较低，从而带来经济损失。

（2）由于纤维的损伤或纠缠而造成毛条在制造过程中纤维断裂，也会造成经济损失。例如，落毛率增加1%，会造成每年100万美元的损失。

因此，在洗毛过程中需要严格控制羊毛的清洁度、纤维的缠结程度、纤维的损伤程度；并考虑环境问题、经济因素等指标。

洗毛主要技术指标对生产工序影响的重要程度见表1-1。

表1-1 洗毛主要技术指标对生产工序影响程度

生产工序	清洁度	缠结程度	纤维损伤	环境问题	经济因素
前处理	+	++	+		
洗毛	+++	+++	+++	+	+++
后处理		+	++		
杂质回收	++			++	++
污水处理				+++	++

注 +越多，表示影响越大。

第二节 影响洗毛工序的因素

影响洗毛工序的因素很多，各种影响因素间相互作用，其中生产厂家对洗毛工序的影响因素主要包括：纺织工厂及企业的类型、待洗羊毛的种类、环境因素及洗毛企业的可用资源。

一、纺织工厂及企业的类型

洗毛企业主要有以下三种类型。

（1）单一式洗毛厂。这类专业的洗毛厂是根据客户的委托进行洗毛，具有成本意识，因为他们需要与其他的工厂或企业竞争。洗净毛是这类工厂的唯一产品。

（2）佣金式洗毛—毛条生产一体化加工厂。这类工厂将客户提供的羊毛或自己工厂购买的羊毛加工成毛条，销售毛条。洗毛厂和毛条生产厂一般在同一地址。毛条制成率是企业效益的主要来源，毛条的产量越高，工厂的利润越高。因此，这类工厂首要的问题是如何将羊毛的缠结降至最低。

（3）全能型工厂。这类工厂可将含脂的原毛转化成最终的成品（如织物），洗毛工序的生产率较高，因此，工厂更关心缠结、梳理等问题。这类工厂的洗毛成本压力小于单一洗毛，因为洗毛仅仅是全能型工厂诸多高成本的工序之一，全能型工厂可以通过其他工序的获利，减轻洗毛工序的压力。

二、待洗羊毛的种类

不同种类的羊毛品质不同，如羊毛的细度、含杂等。羊毛纤维越细，其比表面积越大、含油脂越多、洗毛时越容易缠结，因此，洗毛越困难；羊毛中的含杂量越多，洗毛越困难。

在同一只绵羊身上剪下的套毛中，不同部位的羊毛纤维的性质不同，如图1-2所示。

 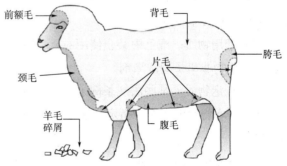

图1-2 羊毛分布

（1）背毛。这部分羊毛分布范围最广，羊的身体大多由这部分毛包围，也是质量最好的羊毛。

（2）边坎毛（图中未标）。从套毛边部除下的毛，生长在羊腹部、腿部、臀下部的毛。边坎毛短且质量差，污渍较重，在选毛时或剪毛后单独分出。

（3）腹部毛。腹部的毛一般比较短，而且含有较多的植物性杂质、泥土等。

（4）污块毛（腿臀毛）。尾部、后腿部的毛，经常包含很多羊汗和羊的排泄物等，一般比较脏。

（5）片毛。颈部、脸部、前额部、背部边缘、腿底部的毛，以及同一个部位二次剪毛时掉落的羊毛碎屑。

肩部、体侧、颈部、背部的羊毛较细，前腿、臀部和腹部的羊毛较粗，喉部、腿下部、尾部的羊毛最粗。因此，刚从羊身上剪下来的羊毛需要进行初步的挑选，将腿部、腹部等较脏的片毛去除后，剩下的套毛品质将更好。

三、环境因素

环境问题对于评估整个洗毛工序的可行性至关重要。洗毛需要考虑的环境问题包括洗毛后排污的类型、与排污有关的环境法规、解决排污问题的方法。

1. 洗毛后排污的类型

洗毛后的废弃物种类繁多，污物可能是液体、固体或气体。

液体排放物主要来源于洗毛槽、杂质回收系统和废水处理系统。洗毛企业需要对所排放的液体进行严格控制，否则将会产生很高的不必要费用。

固体排放物主要包括洗毛槽、杂质回收系统和废水处理系统的污泥；筛网上的废弃纤维；开松、准备及清理阶段的杂质及落纤。

气体排放物主要包括能量供给系统和烘干工序中的废气，工厂中的粉尘，如炭化工序产生的炭质粉尘。

2. 与排污有关的环境法规

影响洗毛工序的排污法规主要有以下三种类型。

（1）排污浓度。限制某些污染物的排放浓度，如油、油脂、硫化物等，这些污染物可能从洗毛厂中排放至下水道或水道中。

（2）禁用物质。洗毛中禁止使用对环境有毒或有潜在危害的物质。例如，欧洲禁用烷基酚乙氧基化物非离子型洗涤剂。

（3）指定物质。某些法规条例中规定的特定的污染物可以在沉淀后进行排放。例如，澳大利亚墨尔本将污泥等作为指定废弃物，这些指定物质必须送至规定的废物处理企业，处理后可排放。

不同地方的环境法规是不同的，它们对洗毛的成本有很大的影响。

3. 解决排污问题的方法

为了使排污满足当地环境法规的要求，解决排污问题的方法有很多，具体采用哪种方法主要取决于以下几方面。

（1）洗毛企业的地址。如果洗毛企业设置在市区，需要在城市铺设污水管道，将洗毛污水排放至下水道中；如果洗毛企业在农村，则需要采取措施对废水进行处理后再排放。

（2）能耗和化学品的成本。可以使用完全蒸发法对排放的液体（如废水）进行处理，但是这种方法能耗较高，这也是多效蒸发器的推广受到限制的主要原因。

（3）空间可利用性。排污处理设备需要占用一定的空间，如果可用的空间不足，会限制排污处理。例如，没有充足的废水处理空间，将使废水得不到完全处理。

（4）现有的技术水平。完全分离废水、油脂和液体的分离技术及设备还需要改进和完善。

四、洗毛企业的可用资源

洗毛企业可利用资源，如水、能源、劳动力及备用配件等，直接影响着洗毛工序。

（1）水。洗毛工序中需要使用高质量的水以达到较好的洗毛效果，如果水的质量较差（尤其是硬度过高），则会降低洗毛效果。

（2）能源。能源的种类、有效性及成本均会影响洗毛工序，包括洗毛方式、产品的成本及设备的类型。如果天然气的成本比电的成本低，则使用隔板干燥机比使用滚筒烘干机的成本更低。

（3）劳动力。运转良好的洗毛企业需要训练有素的员工，这些员工需要了解所用原料的性质、洗毛工序的目的、如何进行洗毛、产品在成本控制下如何达到质量标准等专业知识。

（4）备用配件。如果洗毛机中使用的备用配件不合格，则会严重影响洗毛的效果。

第三节　洗毛工序中的潜在问题

如果对洗毛过程控制不当，则会造成一些潜在的问题，如羊毛上残留的杂质、羊毛的缠结、羊毛的损伤以及羊毛纤维上残留的水分等，这些问题对后续的羊毛处理有很大的影响。

一、洗毛不充分导致羊毛纤维上残留有杂质

残留的杂质越多，洗毛工序的效率和洁净度越低，直接降低了洗毛生产线的产品质量。此外，残留的杂质会影响后道工序的生产效率，磨损洗毛生产线的设备，如会增加梳针磨损。

二、洗毛过程中机械作用过于剧烈导致羊毛缠结或毡缩

纤维的缠结会增加纤维的断裂和短绒率（短绒会在梳理工序被筛选清理），降低纤维的平均长度，从而降低收益。

三、洗毛或烘干工序控制不当使羊毛损伤（包括泛黄）

洗毛工序的纤维损伤会直接导致毛条制造工序中纤维损伤率增加，降低纤维束的强力，

降低纺纱、针织、机织工序的效率和产品质量，还会增加产品黄度。

四、烘干工序控制不当使羊毛含水量过高或过低

羊毛含水量过高或过低均会增加生产的难度，产生毛粒，也会增加粗梳和精梳环节植物性杂质清理的难度。

重要知识点总结

1. 洗毛是在含洗涤剂的水溶液或溶剂（溶剂目前很少使用）中不断搅拌、揉搓以去除原毛中杂质的工艺过程。

2. 洗毛工序包括前处理、洗毛、后处理、杂质回收和污水处理。

3. 影响洗毛工序的因素为：纺织工厂及企业的类型、待洗羊毛的种类、环境因素及洗毛企业的可用资源。

4. 洗毛工序中的潜在问题：羊毛上残留的杂质、羊毛的缠结、羊毛的损伤、羊毛的含水量过高或过低。

练习

1. 为什么要对原毛进行洗毛？

2. 洗毛前需要有哪些工序？为什么需要这些工序？

3. 洗毛后需要有哪些工序？

4. 洗毛不当会有什么不良后果？

5. 影响洗毛工序的因素有哪些？如何产生影响？

6. 除了洗净毛，从洗毛工序中获得的有价值的物质是什么？

7. 洗毛工序需要用到哪些资源？

8. 洗毛工序产生的最主要的负面影响是什么？

第二章　原毛中所含杂质

学习目标

1. 了解原毛中所含杂质的种类。

2. 理解不同种类杂质的特点。

3. 掌握影响杂质含量的因素。

所有的原毛中都含有杂质，杂质含量为 20%~90%。杂质含量的不同主要取决于羊的种类、羊毛的品质以及羊的生长条件（如牧草的生长情况、牧场的位置等）。洗毛的主要目的是去除羊毛中的杂质，因此，了解原毛中所含杂质的种类及其各自的特点对洗毛工序的顺利进行至关重要。

第一节　原毛中所含杂质的分类

原毛中所含的杂质有羊毛脂、羊汗、污垢、皮肤屑、杀虫剂、识别标记、粪便、羊尿、植物种子、毛刺、小树枝等。这些杂质可以分为三类：天然杂质、外来（沾染的）杂质和外界引入的杂质。

一、天然杂质

天然杂质是羊在生长过程中所产生的覆盖在纤维表面的分泌物，主要包括羊毛脂、羊汗及非羊毛蛋白质。

1. 羊毛脂

羊毛脂是羊的皮脂腺分泌的不溶于水的物质。羊毛脂有时被称为"油脂"，但这用词不当，因为羊毛脂中不含甘油三酸酯。羊毛脂中大约含有 20000 种不同的复合酯类物质，这些酯类物质由 100 多种有机酸（主要是链烷酸，即 ω-羟基酸和 ω-羟基链烷酸）和 100 多种有机醇或固醇（如胆固醇、羊毛固醇、脂肪族二醇等）形成，羊毛脂中无法分离出单一的酯。

2. 羊汗

羊汗是原毛的水溶性组分。大部分羊汗来自汗腺，还有少部分羊汗来自蛋白质降解的产物和残留物（如多肽），羊汗是可溶于水的有机钾盐。

3. 非羊毛蛋白质

非羊毛蛋白质主要包括皮肤碎屑及其相关物质，如上皮组织以及纤维生长后残留的蛋白物质。

二、外来杂质

外来杂质是羊毛在生长过程中沾上的杂质。主要包括以下几种。

1. 矿物质和泥土

风吹到羊毛上的杂质或者羊躺在地上时沾上的杂质。

2. 植物性杂质

羊吃草或躺在草地上而沾到羊毛上的植物种子、草刺、小树枝等。

3. 自身排泄物

羊的粪便和尿液可以对羊毛造成不同程度的污染，如图 2-1 所示。这种差异主要是环境变化、牧草的种类和生长情况造成的。

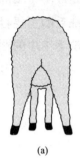  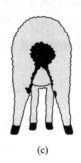  

(a)　　　　　(b)　　　　　(c)　　　　　(d)　　　　　(e)

图 2-1　羊的粪便和尿对羊毛造成的污染

三、外界引入的杂质

外界引入的杂质是指牧羊者故意添加在羊毛上的物质，主要包括识别标记和杀虫剂。

1. 识别标记

识别标记是为了区分羊群所做的印记，如 Siro-mark、蜡笔印记、喷雾印记等，如图 2-2 所示。

2. 杀虫剂

杀虫剂是为了控制羊身上的害虫（如虱子、苍蝇等）而添加的物质。

图 2-2　羊毛上的识别标记

第二节　不同杂质的性质

一、羊毛脂的性质

羊毛脂的熔点、密度、吸湿性、自氧化性、乳化性等影响着羊毛的洗涤过程，这些特性受氧化作用的影响，而氧化作用是羊毛生长过程中风化作用的一部分。

1. 自氧化性

羊毛脂在空气中会发生氧化，而且氧化一旦开始则会持续进行。氧化的羊毛脂中含有酯分离后的自由酸和醇（主要是胆固醇）以及氧化产物（如7-氧化胆固醇），氧化的羊毛脂也会产生部分聚合。

羊毛脂被氧化后，很多性质会发生变化，如熔点、对热的敏感性、乳剂稳定性、离心法回收率、乳液液滴的密度、液滴的组成等，这些性质的变化均会影响羊毛脂的回收。

2. 乳化性

乳液是由两种或两种以上的不相溶的液体混合而成的。未氧化的羊毛脂和自氧化的羊毛脂所形成的乳液性质不同，这些不同影响羊毛脂的回收。存放很多年的羊毛中，可回收的羊毛脂的量很少。

3. 在羊毛纤维上的分布

由于含脂羊毛是向外生长的，因此一般情况下，一根羊毛的尖部包含更多的自氧化羊毛脂，根部包含的更多是未氧化的羊毛脂。尖部的自氧化羊毛脂会接触外界的污染物而形成较难去除的复合物。

4. 熔点

羊毛脂的熔点约为40℃，组成羊毛脂的不同酯类物质的熔点不同。溶剂分馏方法可以分离在室温下为液体的组分，如液体羊毛脂。核磁共振分析表明，大约70%的羊毛脂在室温时呈液态。自氧化羊毛脂的熔点超过80℃。

5. 密度

羊毛脂的密度为 $0.92\sim0.94g/cm^3$，可以浮于水或洗毛溶液表面。

6. 吸湿性

精炼得到的羊毛脂在水中可以吸收超过其自身重量200%的水分，在洗毛过程中，表面活性剂的存在会限制其吸湿性。如果在正常的水包油乳液中产生油包水乳液，可以改变乳化羊毛脂的密度。

二、羊汗的性质

羊汗的很多性质都会影响洗毛，如溶解性、吸湿性、pH、去污性、催化作用等。

1. 溶解性

羊汗是水溶性的，但其溶解的速率因成分的不同而不同。无机的、低分子量钾盐在水中溶解速率很快；但是高分子量钾盐、多肽和蛋白质水解产物在水中溶解速率较慢。

2. 吸湿性

羊汗的吸湿性较好，洗净毛中的水分含量过多，会对后续工序（如羊毛在非极性溶剂中的加工）产生影响。

3. pH

羊汗的萃取物的 pH 取决于羊毛的种类，美丽诺羊毛显中性或弱酸性，粗杂交羊毛显碱性。

4. 去污性

在碱性条件下，羊汗具有洗涤剂的作用。因此，洗粗杂交羊毛时不使用常温去羊汗槽；如果使用去羊汗槽，则洗涤剂的用量将增加约50%。

5. 催化作用

羊汗对洗毛中用的洗涤剂具有一定的催化作用，因为其主要成分是钾盐。使用新鲜洗涤液的洗涤生产线，洗涤效果远不如溶解了羊汗后使固体浓度升高的洗涤线。

三、蛋白质类杂质的性质

蛋白质类杂质（如皮肤屑）中几乎不含二硫键，所以几乎不会影响其对水分的吸收和吸湿后的膨胀，如明胶即是一种吸湿膨胀的蛋白质。但是，蛋白质类杂质膨胀的速度较慢，将在洗毛流程中靠后工序的洗毛槽中被去除。蛋白质类杂质的很多性质都会影响洗毛，具体如下。

1. 含脂羊毛根部

从含脂羊毛根部分离出的蛋白质类杂质不含矿物类杂质，其颜色与羊毛纤维颜色一致。

2. 含脂羊毛尖端

从羊毛纤维尖端提取的蛋白质类污染物为暗灰色，这是由于蛋白质中吸收的细小污垢造成的。羊毛在洗涤过程中，羊毛中的蛋白质会遇水溶胀，此时，这种细小的污垢会吸附到蛋白质表面。通常这种细小的污垢被称为"蛋白质污垢"。

蛋白质污垢不能与蛋白质用物理方法分离，并且使羊毛的洗涤效果不佳，洗涤后的羊毛颜色较差。

3. 洗净后的羊毛

洗净后的羊毛（清洁过的羊毛，蛋白质不会膨胀）尽管具有高灰分，但仍具有良好的颜色。

4. 胶质蛋白质杂质

这种蛋白质会在水中膨胀，但是在洗毛过程中容易重新沾附到羊毛上，且重新沾附到羊毛上的杂质很难去除。

四、矿物类杂质的性质

矿物类杂质主要存在于羊毛的尖端，是灰尘或泥土沾附在羊毛上形成的。矿物类杂质的很多性质都会影响洗毛，具体如下。

1. 地域性

不同地域的地质结构不同，因此羊毛上沾附的矿物类杂质的性质也不同，有些地域生产的羊毛是很难洗干净的。矿物类杂质的密度和表面性能取决于泥土的种类和地域，所以不同地域的矿物类杂质密度和表面性能有所不同。矿物类杂质的表面可以是亲水的或亲油的。

2. 沉淀性

矿物类杂质的密度比水大，因此在洗毛溶液中会快速沉淀。沉淀的程度取决于洗毛溶液中羊毛脂的含量，这是由于羊毛脂可以与这些杂质形成复合物而阻止其继续沉淀。

3. 粒子尺寸

矿物类杂质的颗粒大小变化很大，可以小于 $1\mu m$；亦可大至 $100\mu m$，其大小会影响沉降速度。

亚微米颗粒被分类为胶体，通常被非羊毛蛋白质污染物吸收，尤其是当部分或完全溶胀时。矿物类杂质通常是导致洗净后的羊毛颜色差的原因。

4. 可溶性物质

大部分矿物类杂质是不溶于水的，但其中部分可溶性的成分可溶于洗毛溶液，从而增加水的硬度和水中金属离子的浓度（其中铁会导致杂质重新沾染到羊毛上，而且会严重影响洗净毛的颜色），进而影响洗毛的整体效果。

五、植物性杂质的性质

羊毛中的植物性杂质可以在原料分等工序去除。大多数澳大利亚羊毛被认为是不含或极少含植物性杂质的。若羊毛中含有的植物性杂质过多，则在洗毛后需要进行炭化处理。植物性杂质的很多性质都会影响洗毛，如类纤维性、染色性、脆性以及开松难度等。

1. 类纤维性

在纺纱过程中，细长的植物性杂质的运动与羊毛纤维类似，很难将其与羊毛纤维分离。

2. 染色性

部分植物性杂质含有色素，通常称这类蕴含在植物中的色素为天然色素，如果沾染到羊毛上，会在洗毛过程中将羊毛染色。

3. 脆性

有些植物性杂质很脆，在加工过程中容易碎裂，碎裂的杂质直径小，会进一步增加羊毛中的杂质含量，且增加杂质去除的难度。

4. 开松难度

羊毛中含有的植物性杂质越多，则开松越困难，当植物性杂质含量达到一定程度时，需要用专门的开松设备进行开松。含植物性杂质的羊毛在洗毛之前需要进行充分的预处理，如果预处理不充分，则洗毛溶液不能充分渗透入羊毛纤维中，从而使洗毛效果差。

洗毛之前的开松一般采用剧烈地开毛，但这会增加纤维缠结。

六、粪便的性质

粪便或沾染了粪便的结块毛主要分布在臀胯毛、后腿毛中，这类杂质在粗梳加工线上更容易出现问题。沾染了粪便的结块毛吸水膨胀后会出现如下问题。

（1）膨胀的粪便会沾附到轧辊上，并且可能会重新沾染到洗净毛上而影响洗净毛的颜色。

（2）粪便可能会堵住洗毛槽底部的网眼，因此，不断搅拌洗毛槽中的液体可以阻止粪便的积聚。

（3）粪便中的有色物质会存在于洗毛液中，从而降低羊毛脂的回收价值。

通常采用冲洗装置处理沾染着粪便的羊毛，在加工过程中尽可能多地去除结块毛。结块毛破碎机通过筛网将粉碎的结块毛去除。当粪便潮湿时，将加大结块毛去除的难度。

七、尿渍的性质

洗毛不能完全地去除尿渍，沾有尿渍的羊毛价格较低，一般会将其与未沾污的羊毛混合使用。沾有尿渍的羊毛经过洗毛后，颜色一般较黄，不宜用于浅色产品。

第三节　影响原毛中杂质含量的因素

影响原毛中杂质含量的因素较多，其中羊的品种和原毛的品质是主要因素。

一、羊的品种对杂质含量的影响

除了羔羊毛，羊的品种会影响含脂羊毛中天然杂质的含量，羊毛的品质主要取决于羊毛中的外来杂质含量。澳大利亚羊毛中 75%～80% 是美丽诺羊毛，其余的是与美丽诺羊杂交的羊生产的羊毛。澳大利亚羊毛交易所将羊毛分为美丽诺羊毛（如超细美丽诺羊毛）、双用途羊毛（可以食用的羊产的羊毛，如波尔华斯羊毛）、杂交羊毛（如考力代羊毛）、丘陵羊毛（如无角陶赛特羊毛）、地毯羊毛（如土其代羊毛）以及粗羊毛（如杜泊羊毛）。不同品种的羊毛中杂质含量见表 2-1。

表 2-1　不同品种的羊毛中杂质含量

羊毛种类	羊毛脂（%）	羊汗（%）	污垢（%）
美丽诺羊毛	15	5	15
杂交粗羊毛	5	8	4
美丽诺羔羊毛	20	5	7
美丽诺片毛	15	7	20

二、原毛品质对杂质含量的影响

原毛品质也会影响羊毛中的杂质含量。根据羊毛的来源和品质，可以将羊毛分类如下。

（1）套毛。从羊身上剪下，毛丛相互连接成一整张的毛。

（2）羔羊毛。从 7 个月大的羔羊身上初次剪下的毛，其束纤维长度一般比成年羊毛的短。

（3）片毛。脖子、脸部、前额部的羊毛，腿底部的毛，背部边缘的羊毛，以及同一个部位二次剪毛时掉落的碎毛。

（4）腹部毛。从羊的腹部获得的毛，一般含有较多的植物性杂质和矿物杂质。

（5）沾色毛。洗毛后颜色不白，一般是被尿渍、细菌、化学药品、植物、血液等沾染的毛。

（6）结块毛。从羊的臀部、尾部或后腿部得到的毛，价值较低，一般比较短，而且可能被尿或粪便沾染而变色。

（7）板毛。第二次修剪的毛，一部分是羊毛腿部和套毛边缘的毛，另一部分是前臀下面及侧面与胯部里面的纤维束。

羊身上不同的部位如图2-3所示，各部位羊毛的品质情况见表2-2。

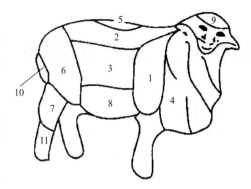

图 2-3 羊身上不同的部位

表 2-2 不同部位羊毛的品质

代号	名称	羊毛的品质
1	肩部毛	最好的毛，细而长，生长密度大，鉴定羊毛品质常以这部分为主
2	背部毛	较粗，品质一般
3	体侧毛	毛的质量与肩部毛近似，但油杂略多
4	颈部毛	油杂少，纤维长，结辫，有粗毛
5	脊毛	松散，有粗腔毛
6	胯部毛	较粗，有粗腔毛，有草刺，有缠结
7	上腿毛	毛短，草刺较多
8	腹部毛	细而短，柔软，毛丛不整齐，近前腿部毛质较好
9	顶盖毛	含油少，草杂多，毛短，质量差
10	臀部毛	带尿渍、粪便，较脏，油杂多
11	胫部毛	全是发毛和死毛

重要知识点总结

1. 原毛中所含的杂质主要包括羊毛脂、羊汗、污垢、粪便、尿、杀虫剂等，这些杂质可以分成天然杂质、外来杂质和外界引入的杂质三类。

2. 影响原毛中杂质含量的主要因素是羊的品种和原毛的品质。

练习

1. 原毛中主要含有哪些杂质？哪些是天然杂质？哪些是外来杂质？

2. 什么是羊毛脂？羊毛脂来自哪里？

3. 为什么羊毛脂会被氧化？

4. 羊毛脂有什么用途？

5. 什么是羊汗？

6. 在羊毛中一般会存在哪种杀虫剂？

7. 什么是蛋白质杂质？这些杂质来自哪里？

8. 决定羊毛含杂量的因素有哪些？

第三章   洗毛前处理

学习目标

1. 理解羊毛混合、暖包和开毛的目的及过程。
2. 掌握洗毛前处理的最佳工艺设置。

洗毛工序主要包括洗毛前处理、洗毛、洗毛后处理、杂质回收、废水处理。洗毛前处理是洗毛的第一步，主要目的是为洗毛工序准备好羊毛，提高洗毛效率。洗毛前需要根据最终产品的需求，决定需要购买的羊毛种类和品质；准备好所需要的羊毛后，要对羊毛进行暖包，使羊毛更易开松；然后是混毛，混毛要按照一定的比例将不同种类的羊毛进行混合；接下来是开毛，开松含脂羊毛所需的机械作用比开松洗净毛所需的机械作用更强，使用内嵌的开毛机将含脂羊毛喂入洗毛流程。

第一节   准备所需要的羊毛

一、羊毛混合（混毛）

洗毛中的混合有两种含义：第一种含义是与羊毛采购相关，购买不同种类的羊毛用于生产特定的产品，也包括对原毛进行相关测试以保证所购买的羊毛是适合精纺加工还是粗纺加工；第二种含义是将不同的含脂羊毛进行混合，这一过程是在混毛机中完成的，称为混毛。

二、准备羊毛时需要考虑的因素

混合羊毛的选择受洗毛和毛条生产厂的经济和技术影响。毛条生产厂需要购买大量的原毛（含酯羊毛）批量生产，为纺纱工序准备符合规格的精梳毛条，纺纱厂为满足各种产品的规格而设定的毛条范围也影响羊毛的选择。羊毛的选择也受可选择的羊毛类型及原产地的影响。

毛条生产厂设计混纺工艺时，第一步是确定纺纱设备所纺毛条的规格范围，这一过程有三个关键要素，即纤维特征、混纺羊毛的选择和混纺比。羊毛的选择要符合纺纱厂的规格，原毛纤维直径一般是最重要的规格参数。可以将多个批次的羊毛组合在一起生产出符合规格的产品，合理的组合能够降低成本，提高效益。可以对羊毛的一系列特性进行加权平均，确定混纺比，从而满足毛条所需的特性。拓宽原毛的种类，通过混纺达到产品要求，在不影响最终产品品质的情况下，可以节约购买羊毛的成本。

混毛除满足客户的规格要求外，还需要关注原毛纤维的关键特性参数，如纤维平均直径（MFD）、纤维直径变异系数（CVD）、纤维卷曲、平均毛丛长度（SL）、毛丛长度变异系数、平均毛丛强度、毛丛强度变异系数、植物性杂质含量（VM）、颜色等。

在澳大利亚，这些性能由澳大利亚羊毛测试局（AWTA）使用国际羊毛纺织组织（IW-TO）的标准方法进行抽样测试。此外，新西兰羊毛测试局（NZWTA）和南非羊毛测试局（WTBSA）等其他全球测试机构也在从事专业的纤维抽样测试。毛条制造商可以根据这些权威机构的检测数据，合理地设计混纺工艺。

除了 AWTA、NZWTA、WTBSA 等机构的测试数据外，以下因素也会影响毛条制造商对羊毛的选择。

（1）羊毛纤维的性质及价格。首先，羊毛的直径是最重要的因素；其次，洗毛厂应尽量减少纤维缠结，以减少短纤维含量，从而增加纤维平均长度；再者束纤维的强度对纺纱过程的影响较大，洗毛过程中的 pH、烘干条件等会严重影响束纤维的强度；最后原毛需要经过权威机构检验以确保其性能符合要求。

（2）羊毛的来源。某些特定区域生产的羊毛品质接近、差异较小；可采用双纤维长度模量合理分布的组合来生产毛条。

（3）符合其他特殊的要求。如颜色最浅、其中的深色纤维较少等。

（4）所用混毛设备的局限性。工艺员必须意识到设备对产品规格的限制；洗毛厂面临的最大问题是如何提高洗涤能力，适当对工艺进行调整，可以在不影响产品质量和生产效率的情况下，降低原毛成本。

（5）洗毛厂和毛条生产厂处理羊毛的能力。为了节约成本，有些企业会购买净毛含量低的羊毛或植物性杂质含量高的羊毛，但是如果洗毛厂无法洗净杂质含量多的羊毛，或者生产毛条时无法去除植物性杂质，则会造成资源浪费。洗毛工序能够通过减少纤维缠结、减少短纤维，来增加纤维的平均长度，但是洗毛工序的 pH 或烘干的条件，可能影响纤维的强力，而纤维强力是影响纺纱工序的重要指标。

第二节 暖包与混毛

一、暖包

在寒冷的环境中，有些毛包较难开松，尤其是潮湿的毛包。对冷的毛包进行开松时，会导致纤维断裂、开毛不充分、洗毛喂入不均匀等问题，因此，需要进行暖包工序，常用的暖包方法如下。

1. 暖室

将毛包置于温暖的房间内，依靠羊毛的热传递，将热空气中的能量转移至毛包内部。毛包是热的不良导体，因此，需要将毛包在温暖的房间内至少放置两天。

2. 电介质加热

采用 300MHz~300kMHz 的电磁波加热毛包。被加热毛包中的水分子是极性分子，水分子在快速变化的高频电磁场作用下，其极性取向将随着外电场的变化而变化，造成分子的运动和相互摩擦效应，此时，场能转化为热能，使毛包温度升高，达到加热干燥的目的。电介质加热的主要形式是射频加热和微波加热。优点是加热速度快；缺点是成本高、用电量大、可能引发火灾。

3. 注入蒸汽

可以将蒸汽直接注入毛包的内部或外部，此方法非常简单且成本低，但会对羊毛造成损伤或沾污。可以将毛包放置于两个压板之间，从很多点向毛包内注入蒸汽，这有助于将热量注入毛包内，使高温蒸汽消散，从而减少对羊毛纤维的损伤。

二、混毛

喂入洗毛机的原料品质会影响洗毛效率、干燥效率、纤维缠结程度，若洗毛和干燥效果差、纤维缠结较多，则梳毛或精梳工序中纤维的断裂会增加，因此，需采用混毛来改善原料的品质。

设计混毛工艺时，将羊毛根据加工批次排列，在毛包排列时应考虑加工批次的量、羊毛的种类、每种羊毛的量，因此，羊毛包排列直接反映了特定类型羊毛在调配中的比例。如果羊毛来自不同的农场，应注意确保每一种类型的毛包混合均匀。

将毛包排列好后，需要进行检验以制订合适的开毛工艺。

第三节　开毛

一、开毛的目的

开毛是指通过机械作用去除原毛中的杂质，并将不同种类的羊毛进行混合，确保团状的羊毛开松成块状，以及对毛包中缠结较紧的羊毛进行开松。若较长羊毛与较短羊毛的混合不均匀，则梳毛工序中会导致纤维的断裂和损失；若开松的毛块过大，则洗毛时毛块喂入会不均匀，从而使洗毛效果较差。原毛喂入开毛机如图3-1所示。

在加工特殊或难以开毛的产品时，需要单独设计设备参数，如对缠结的或较脏的羊毛开毛时，可以采用离线操作和间歇性操作。离线操作后的特殊羊毛与其他羊毛一起喂入在线开松机。此外，还可以对这类羊毛进行多次梳理或炭化。

图3-1　开毛机的喂入部分

二、开毛机的类型

开毛机种类很多，用于洗毛前处理的开毛机

主要有以下六种。

1. 刺辊式开毛机

刺辊式开毛机，又称为拆包机。如图 3-2 所示，原毛由传送带传送至开毛辊，将团状纤维开松成块状，块状纤维经剥毛辊开松成更小的块状，然后转移至打击辊，打击辊将较大的毛块返回至传送带，并由开毛辊再次进行开松。较小的毛块或羊毛束转移到输出传送带，刺辊的速度和两个刺辊之间的隔距会影响开松的程度。

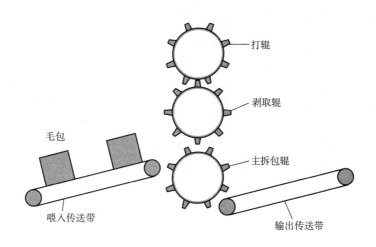

图 3-2 刺辊式开毛机

2. 隔板式开毛机

如图 3-3 所示，将原毛置于或喂入水平的传送带，由传送带将羊毛喂入垂直的角钉帘，然后由剥毛打手从隔板上剥取较大的毛块，并将其打击入开毛机的底部。较小的羊毛束通过剥毛打辊，通过道夫的作用，将羊毛束从角钉帘上剥取，进入下一道工序。角钉帘的速度与隔距是可调的。喂毛箱中安装有传感器，可以控制喂毛箱中羊毛的数量。

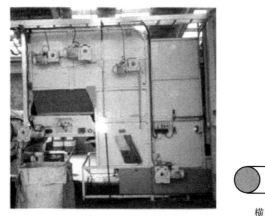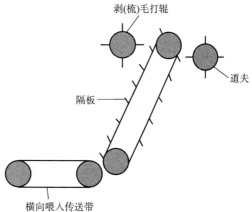

图 3-3 隔板式开毛机

3. 辊筒式开毛机

如图 3-4 所示，辊筒式开毛机（又称鼓式开毛机）中含有一系列辊筒，每个辊筒上都安装有三角钢齿。原毛由传送带喂入辊筒，辊筒上的钢齿对羊毛进行开松，并携带着羊毛进入下一辊筒。每个辊筒下方都安装有尘笼，一些与羊毛黏附力较弱的杂质和一些短纤维可以从挡板间排除。传送带速度、辊筒速度、辊筒数量都会影响开松程度。

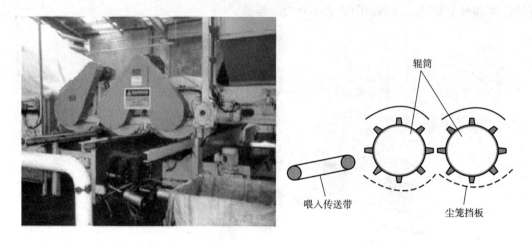

图 3-4 辊筒式开毛机

4. 逐步开毛机

如图 3-5 所示，逐步开毛机中的辊筒呈 45°角依次排列，通常随着羊毛向上运动的方向，辊筒的速度逐渐提高。此类开毛机一般不用于对澳大利亚羊毛进行开松，比较适用于含杂量多的原毛的开松。

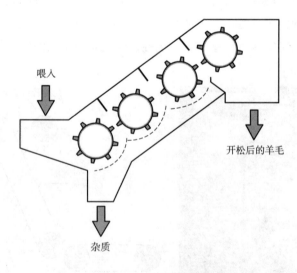

图 3-5 逐步开毛机

5. 循环开毛机

如图 3-6 所示，将羊毛置于传送带上，间歇地喂入循环开毛机中。主开松区包括一个主辊筒和多个较小的工作辊，每个辊筒上都有三角钢齿，相邻辊筒的钢齿可以对羊毛进行开松。羊毛在开毛机中循环，可进行多次开松。开松程度取决于羊毛在开毛机中停留的时间。

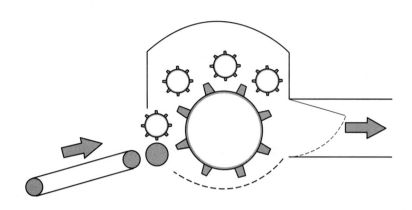

图 3-6 循环开毛机

6. 锤式开毛机

锤式开毛机适合对含杂多、长度低于 100mm 的羊毛进行开松，常用于炭化工序之前，对即将炭化的羊毛进行开松。开毛机可以将纤维中的泥土、种子和棉絮粉碎，使它们能够通过漏底。此类开毛机的开松作用非常剧烈，一般不用于精纺羊毛的开松。

三、开毛的不良影响

开毛效果对洗毛及后续工序有很大的影响。若开毛不充分，可能导致杂质去除不充分，杂质的存在使水分不能完全渗透羊毛，导致羊毛润湿不充分；还可能减少流经纤维表面的液体量，导致洗毛效果差、洗毛喂入不均匀等问题。若开毛过度，会导致羊毛在洗毛过程中产生过多的缠结，并增加毛条制造过程中纤维的断裂。

四、开松设备的选择

开毛机的选择以及是否对混纺物的部分或全部成分进行加工，都取决于羊毛的特性，见表 3-1。一般来说，精梳羊毛不需要剧烈的开松，而粗梳羊毛和炭化羊毛需要剧烈的开松。成本和可利用空间也会限制开毛机的选择。对于粗纺系统而言，在设计工艺时，还需要添加短毛处理器、污块毛轧碎机及 DECOTTER 式开毛机（用于重毡缩或缠结的原毛）。

表 3-1 羊毛类型对开松设备的选择

开毛机类型	精梳羊毛	粗梳羊毛	炭化羊毛
拆包机	△	△	△
隔板式开毛机	△	△	△
鼓式开毛机	△	△	△
逐步开毛机		△	

续表

开毛机类型	精梳羊毛	粗梳羊毛	炭化羊毛
循环开毛机		△	△
短毛处理器		△	△
污块毛轧碎机		△	△
DECOTTER 式开毛机		△	

注 △表示可选。

第四节 最佳的工艺设置

一、前处理设备的安排

可以采用不同的前处理设备准备洗毛用的羊毛，然后将其喂入洗毛流程中，这些设备的作用是开松、混合、使喂入洗毛机的羊毛比较均匀。有以下四种方案可供选择。

(1) 开松或加工原毛时，将原毛喂入隔板式喂毛箱中，此喂毛箱直接与洗毛流程相连。

(2) 开松或加工原毛时，将原毛喂入储毛箱中，然后喂入排列好的开毛机中，开毛机与洗毛流程相连。

(3) 将原毛包放置于传送带上，然后喂入与洗毛流程相连的一系列开毛机中。

(4) 将原毛包放置于传送带上，然后传送至开毛与混毛联合机中。

混毛工序可以在洗毛前进行，也可以在洗毛后进行。①洗毛前的混毛：在喂入洗毛机之前，将含脂原毛按照比例进行混合；②洗毛后的混毛：洗毛后，先将羊毛横铺于大的储毛箱中，然后垂直抓取羊毛喂入毛条制造工序中，混毛的原理为横铺直取。洗毛后的混合有助于改善羊毛的均匀度。

二、最佳工艺讨论

(1) 适当的开松程度非常重要，开松程度过小，羊毛不易被润湿；开松程度过大，会使纤维缠结增加。

(2) 在加工过程中，可以混合的羊毛量越大，则混毛越均匀，因此，在条件允许的情况下，应该使用在线或离线的储毛箱。

(3) 进行实时监控，要保存不合格毛包的记录，以便对中间测试机构进行索赔，并监控这些毛包的来源。

(4) 用于洗毛前处理的设备必须进行定期维护及校准，以保持其最佳运行状态。

重要知识点总结

1. 洗毛前处理主要包括：准备所需要的羊毛、暖包、混毛、开毛。

2. 准备所需要的羊毛时需要满足相应的纺纱规格，羊毛的准备对生产厂的经济及技术控制具有重要影响。

3. 在寒冷的环境中需要进行暖包以减少后续问题。

4. 混毛设计与最终洗净毛的品质密切相关。

5. 开毛的目的：去除杂质、混合羊毛、开松羊毛、打开羊毛中较紧的部位。

6. 常用于洗毛前处理的开毛机主要有：拆包机、隔板式开毛机、鼓式开毛机、逐步开毛机、循环开毛机、锤式开毛机。

练习

1. 准备洗毛所用羊毛的主要工序是什么？

2. 洗毛之前为什么需要暖包？

3. 洗毛之前为什么需要对原毛进行开松？

4. 哪种羊毛可以承受剧烈的开松？哪种羊毛需要柔和的开松？

5. 选择开松设备需要考虑哪些问题？

第四章　洗涤剂及杂质去除的过程

学习目标

1. 掌握羊毛加工中使用表面活性剂的目的。
2. 了解基本的洗涤剂及表面活性剂的种类。
3. 掌握洗涤剂的性能及其与羊毛加工的关系。
4. 理解从原毛中去除杂质的过程。
5. 理解洗毛过程中出现纤维缠结的原因，分析缠结对后道工序的影响。
6. 掌握洗毛过程中减少纤维缠结的方法。

第一节　洗毛用表面活性剂

洗毛过程中必须使用表面活性剂以去除原毛中的杂质，表面活性剂对润湿羊毛纤维、乳化羊毛脂、去除杂质、将杂质转移到洗毛液中以及防止杂质重新沉积在羊毛上具有非常重要的作用。

一、表面活性剂的定义

表面活性剂是一种用于去除污垢和清洁物品的产品，如洗碗用的清洗剂及洗衣液。表面活性剂是一种无色水溶性化合物，具有特定的化学结构，其分子结构由两部分构成，一部分易溶于水，含有亲水性质的极性基团，称为亲水基（极性端）；另一部分不溶于水而溶于油，含有亲油性质的非极性基团，称为亲油基（疏水基），如图 4-1 所示。

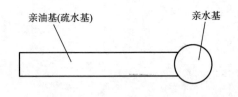

亲油基(疏水基)　　　　亲水基

图 4-1　表面活性剂的结构

为了获得更好的洗毛效果，表面活性剂的结构中必须有亲水基团和亲油基团，且必须能吸附至纤维表面。表面活性剂必须具有以下功能。

（1）润湿。协助疏水表面（如羊毛纤维的表面）的润湿。这类表面活性剂通常被称为润湿剂。

（2）形成胶束。当材料（如脏盘子）在水中清洗时，表面活性剂可以帮助去除污垢和油脂。这种表面活性剂通常被称为清洁剂（去污剂）。

表面活性剂必须形成胶束才能发挥作用，且疏水端在胶束的内部、亲水端在胶束的外部，这样才可以将羊毛脂和污垢包裹在胶束内部。

（3）形成乳液。表面活性剂可以乳化油脂和污垢颗粒，使它们在水中不会重新沉积在羊毛表面。这种表面活性剂被称为乳化剂。

（4）溶解。表面活性剂有助于材料的溶解，提高溶解速度。

（5）将杂质转移至洗毛液中。杂质在表面活性剂作用下，由纤维表面分离转移到洗毛液中。

（6）防止杂质的聚集和再沉积。转移到洗毛液中的杂质可能会相互聚集，并再次沉积到纤维表面，表面活性剂可以防止油脂或污垢颗粒聚集并重新沉积。

分子中亲油和亲水性基团的平衡决定了表面活性剂的类型以及表面活性剂的性能。润湿是用水把要润湿的材料包裹起来的过程，对于羊毛来说，当水均匀地渗透到纤维团中时，就会发生润湿现象。清洁剂是从固体表面用液体除去污垢和油脂的。乳化是将油滴和污垢颗粒包裹在表面活性剂内的过程，这样油滴等就不会在水中重新聚集。乳化是将一种液体的小球体悬浮在另一种液体中，两种液体不会混合。

在原毛洗毛过程中，常用的表面活性剂必须发挥这些作用。然而，主要的功能是作为洗涤剂，因此，"洗涤剂"一词常被用来代指原毛洗毛过程中使用的表面活性剂。适当的表面活性剂混合物可确保洗涤剂配方能发挥所要求的作用。

二、表面活性剂的种类

表面活性剂的种类很多，分类方法也各不相同，其中最常用的分类方法是根据表面活性剂的亲水基在水中是否电离以及电离后的离子类型，可以将表面活性剂分为：阴离子型、阳离子型、两性离子型和非离子型。可用于洗毛的表面活性剂为阴离子型和非离子型，现代的洗毛厂主要采用非离子型表面活性剂。不同种类表面活性剂的结构如图4-2所示。

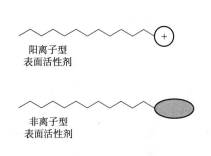

图4-2　不同种类表面活性剂的结构

第二节　洗毛用洗涤剂

一、洗涤剂的作用

洗涤剂是一种表面活性剂，在洗毛过程中，洗涤剂应具有以下多种作用。

1. 吸附

洗毛液中会存在界面，如油与水之间的界面、水和空气之间的界面、污垢和纤维之间的界面，洗涤剂分子需要优先在界面处定向排列，如图4-3所示。这是由于亲水端和疏水端的极性不同造成的，洗涤剂吸附在界面上的性能被称为"表面活性"。洗涤剂可以吸附于任何界面处，这对润湿作用、乳液的形成、污垢的去除都是非常重要的。

洗涤剂的吸附作用可以降低羊毛表面或界面张力，从而使羊毛表面更容易被润湿。

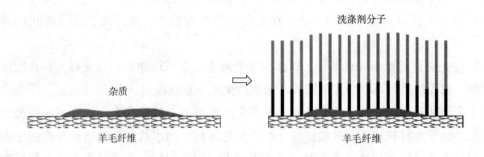

图 4-3 洗涤剂在羊毛表面的排列

2. 润湿

润湿是液体在固体表面维持其形态的能力，可以使液体和固体之间产生相互作用而结合在一起。润湿的程度取决于固体与液体之间的黏合力和内聚力，固液之间的黏合力使液滴在纤维表面扩散，液体的内聚力使液滴成球状，避免与纤维表面接触。例如，将原毛放入水中时，液体的内聚力起主导作用，因此润湿程度较小。此时，向水中加入足够的表面活性剂，则固液间的黏合力起主导作用，因此纤维可以被润湿。在洗毛的去汗槽中，羊毛漂浮于表面，此时几乎没有润湿。

值得注意的是，具有优良润湿性能的表面活性剂不一定是优良的羊毛洗涤剂。

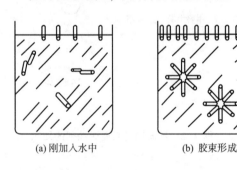

(a) 刚加入水中　　　(b) 胶束形成

图 4-4 胶束的形成过程

3. 形成胶束

将洗涤剂加入水中后，其分子会在水—空气界面聚集，随着洗涤剂浓度的增加，其疏水端会相互靠拢并开始形成胶束，界面上洗涤剂达到一定浓度时，在溶剂中缔结形成胶束。开始形成胶束时的浓度称为临界胶束浓度（CMC）。在胶束中，洗涤剂的疏水端向内相互聚集，亲水端向外扩展至水中，如图 4-4 所示。

胶束的形成对去污剂的有效性至关重要。油和污垢必须乳化，以防止再次沉积，因此它们必须形成胶束。洗涤剂的去污能力与使油和污垢乳化的效率成正比。

当达到临界胶束浓度后，随着洗涤剂的加入，胶束的数量依然随之增加，但胶束形成速率显著减缓。不同胶束的结构不同，这取决于外界环境和洗涤剂分子的性能，用于纺织加工中的洗涤剂形成的胶束大多是球形的。

洗毛中用到的洗涤剂是表面活性剂的一种，洗涤剂想要发挥洗涤作用，必须先形成胶束。洗毛时，当洗涤剂的浓度小于临界胶束浓度时，无法在乳液中形成胶束，洗涤作用较差，因此必须添加足够的洗涤剂，使其浓度高于临界胶束浓度。

4. 去污

羊毛纤维的表面被润湿后，去污的方法有很多种，具体如下。

（1）改变接触角，将油污包覆起来。

（2）完全包裹污垢，形成液滴，乳化。

（3）在胶束中将微粒状的污垢聚集在一起。

（4）润湿后去除微粒状的污垢。

将油污包裹起来是最常用的去除油污的方法，该方法去除油污的过程为：洗涤剂将油污包覆起来形成乳液，使用适当的表面活性剂使乳液吸附在纤维和油污形成的界面上，由于油有形成具有最低表面积的结构的倾向，因此会被洗涤剂包覆成球状；然后对其施加机械作用（如搅拌），将卷曲为球状的油污从纤维表面去除，形成水包油的乳液液滴，这些液滴相对不稳定并且可以自动聚集成较大的油滴。这种方法适用于污垢与纤维的黏附力很强的情况，但是在洗毛中几乎不会用到。去污的过程如图 4-5 所示。

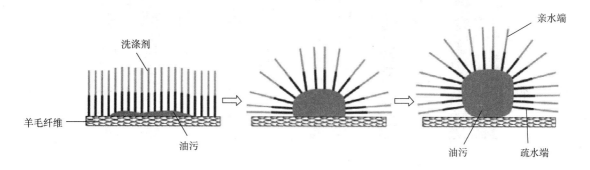

图 4-5　去污的过程

5. 形成乳液

将一种液体以极细小的液滴均匀分散在另一种与其互不相溶的液体中所形成的分散体系，称为乳液。乳液可以是液体自发形成的，但更多的是在机械作用下（如搅拌）形成的。乳液是不稳定的，最终会重新分层，可以通过电荷排斥、空间位阻、改变微粒尺寸等方法来改善乳液的稳定性。阴离子型或阳离子型表面活性剂周围被相同的电荷包围可形成乳液，单独的乳液分子相互排斥，从而阻止液滴的相互聚集，使乳液稳定。

在非离子表面活性剂中，由于电荷排斥和空间位阻作用而使形成的乳液相对稳定，如图 4-6 所示。微粒尺寸较小则形成的乳液比较稳定，搅拌可以使乳液中微粒的尺寸减小，从而增加洗毛中回收的羊毛脂的量。

乳液主要有两种类型：一种是油呈细小的液滴分散在水中，水是连续相，油是不连续相，称为水包油型，以 O/W 表示；另一种是水呈细小的液滴分散在油中，油是连续相，水是不连续相，称为油包水型，以 W/O 表示。在洗毛过程中，羊毛脂会以液体的形式分散于洗毛溶液中，形成水包油型乳液。在洗毛过程的最后阶段——羊毛脂的回收工序中，在无水羊毛脂被回收之前，羊毛脂形成的是油包水型乳液。乳液的形成如图 4-7 所示。

6. 溶解

溶解是利用乳化作用去除污垢的另外一种方式。与包覆型乳化相比，溶解型乳化是逐

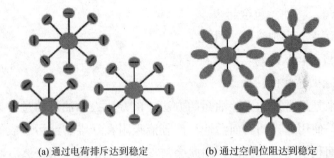

(a) 通过电荷排斥达到稳定　　　　(b) 通过空间位阻达到稳定

图 4-6　稳定的乳液

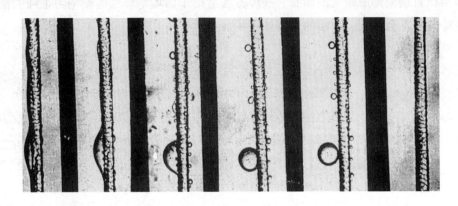

图 4-7　乳液的形成

渐形成的，但最终的去污效果相同。包覆型乳化和溶解型乳化的过程如图 4-8 所示。如果在洗涤温度下油不是液体状态，则不可采用包覆型乳化去除污垢，此时溶解是主要的去污方式。

7. 悬浮

油污从表面去除后，必须悬浮在溶液中，而不能沉积在织物的表面。污垢颗粒可以被包覆于洗涤剂胶束中，也可以润湿后形成悬浮液，如图 4-9 所示。

机械作用有助于污垢从纤维表面去除。污垢微粒的尺寸将决定污垢是留在悬浮液中还是

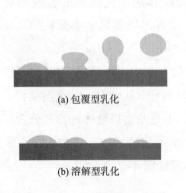

(a) 包覆型乳化

(b) 溶解型乳化

图 4-8　不同类型的乳化

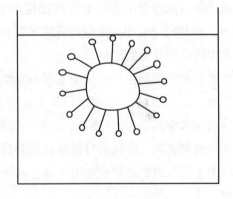

图 4-9　悬浮液

发生快速沉淀。在室温时，羊毛脂乳液更像悬浮液，这是由于乳液的中心不再是液体。

8. 防止杂质的聚集和再沉积

洗涤剂的一个重要作用是阻止污垢再沉积于洗净的羊毛纤维表面上，如果所用的洗涤剂太少，则污垢可能发生再沉积。

大量的乳液液滴聚集在一起会形成一个单独的液滴，此液滴的尺寸较大，因此会快速沉淀。洗毛中污垢的沉淀不是问题，因为当洗毛液被离心时，这些沉淀物可以被分离出来。如果乳液液滴不会聚集在一起形成单独的液滴，则液滴会发生凝结或絮凝，在一定的条件下，这些大尺寸的微粒会再沉积于羊毛纤维上。

再沉积是洗毛过程中的主要问题，会导致洗净毛的颜色较差。导致再沉积的原因如下。

（1）污垢可以与硬水中的金属离子或原毛上的杂质形成络合物。

（2）若洗涤剂的用量不足，则未洗干净的凝胶状非羊毛蛋白质将再次沉积到洗净毛上。

（3）若用水量不足或洗毛用水模式使用不恰当，也会产生再沉积。

二、洗毛助剂

洗毛中可以添加助剂，助剂本身没有洗涤作用，但是可以提高洗涤效果。助剂的种类较多，不同种类的助剂的作用不同，助剂的主要作用有：调节 pH；通过将 Ca^{2+}、Mg^{2+} 进行螯合或沉淀以降低水的硬度，如图 4-10 所示；使污垢具有抵抗絮凝的作用；提高洗涤剂的洗涤效率。

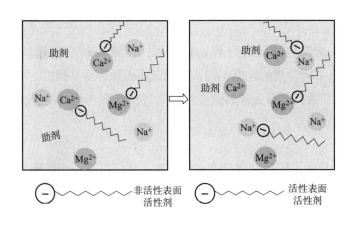

图 4-10 助剂的作用

纺织工业中常用的助剂包括以下几种。

（1）碳酸钠。通过沉淀降低水的硬度，也可以作为抗絮凝剂。

（2）硫酸钠。提高洗涤剂的洗涤效率。

（3）氢氧化钠。用于调节 pH。

（4）乙二胺四乙酸（EDTA）。通过将 Ca^{2+}、Mg^{2+} 螯合来降低水的硬度，但是生态标签中 EDTA 是被禁用的。

(5) 沸石。可以捕捉矿物结构中的 Ca^{2+}、Mg^{2+}。

三、选择洗涤剂时需要考虑的因素

洗毛用的洗涤剂必须具有特定的作用，而且需要满足洗毛中的约束条件，如润湿、形成乳液、形成胶束、防止再沉积等。

洗毛用洗涤剂的选择主要取决于以下三个因素。

(1) 必须抗"失效"。"失效"是指洗毛效果变差时即使额外添加洗涤剂也不起作用的现象，补救的措施是倒掉洗毛槽中的液体重新加入洗毛液，这就意味着洗毛过程会浪费很多化学物质，同时，重新加热新洗毛液会造成能源浪费，影响生产效率。

(2) 必须符合环境法规的要求。有些洗涤剂的生物降解性差，有些洗涤剂的降解产物对环境有害，由于环境的限制，即使这些洗涤剂的洗毛效果很好，也不能在洗毛中使用。

(3) 洗涤剂的吸附性能。洗涤剂会以不同程度吸附于羊毛纤维上，一般阴离子型洗涤剂的吸附作用比非离子型洗涤剂的吸附作用更明显。吸附作用较强的洗涤剂会增加洗涤剂的用量，而且会降低后续工序（毛条制造、染色等）的性能，因此，用于洗毛中的洗涤剂应不会吸附于羊毛纤维上或被羊毛纤维吸收。

第三节　杂质从原毛中去除的过程

一、杂质去除

传统观点认为，杂质被移除的过程是相近的，但澳大利亚联邦科学与工业研究组织（CSIRO）研究表明，不同杂质的性能不同，根据杂质去除的难易程度，可以将其分为易去除的杂质和难去除的杂质两类。易去除的杂质可以通过洗涤剂和机械搅拌去除，难去除的杂质需要较长的时间才能被去除。

1. 杂质的分类

(1) 易去除的杂质。占原毛杂质的 80%~90%，可以在第三个洗毛槽中去除。这类杂质主要包括未氧化的羊毛脂、某些氧化的羊毛脂、易溶的羊汗成分、较大的矿物类杂质、与羊毛纤维黏附较弱的有机杂质。

(2) 难去除的杂质。约占原毛杂质的 10%，洗毛后这类杂质大都会留在羊毛纤维中，主要包括氧化的羊毛脂、难溶的羊汗成分、较细小的矿物类杂质、与羊毛纤维黏附较强的缓慢膨胀的蛋白质杂质。

不同杂质的去除如图 4-11 所示。

2. 杂质的去除过程

在洗毛过程中，含脂毛会通过一系列的洗毛槽，以逐步去除羊毛中的杂质。杂质去除的过程包括以下几步。

(1) 杂质被水和洗涤剂渗透。

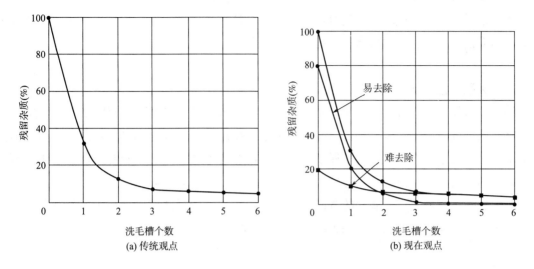

图 4-11 不同类型杂质的去除

（2）随着水分的渗透，杂质开始膨胀，渗透和膨胀的速度取决于杂质的种类和加工条件。

（3）在膨胀的杂质中，羊毛脂形成球状液滴。

（4）通过机械搅拌作用，从羊毛表面去除易去除的络合的和未络合的杂质。

（5）去除部分难去除的杂质，这类杂质只是部分膨胀或与纤维表面的黏附力较强，因此只能部分去除。

二、杂质再沉积

防止杂质再沉积也是洗毛过程的关键，被去除的杂质如果再沉积到羊毛纤维表面，会导致洗净毛的颜色变差。

再沉积主要是因为污垢与硬水中的金属离子或原毛中的杂质形成了络合物。如果洗涤剂量较少，就不能阻挡非羊毛的蛋白质物质沉积到洗净毛表面，从而造成洗净毛的污染。水量较少或洗毛用水模式选择不恰当，都会加剧再沉积。

第四节　洗毛过程中的缠结

一、缠结的含义

羊毛纤维的表面有鳞片结构，鳞片的边缘指向纤维的尖部，从而使羊毛沿根部至尖部的滑动容易，而沿尖部至根部的滑动困难。当在水中对羊毛进行搅拌时，其表面的鳞片会沿着根部至尖部发生移动而相互紧锁，从而使羊毛纤维相互缠结。机械作用越多越剧烈，则纤维缠结得越多，纤维的缠结会使羊毛开始收缩而导致毡缩，毡缩是一个不可逆的过程。洗毛过程中，应尽量减少纤维的缠结，以减少后续工序中纤维的损伤及断裂。但洗毛的目的是去除原毛中的杂质，这个过程需要使用机械作用，这会增加纤维的缠结，因此，洗毛过程中应做到清洁效果最大化与缠结现象最小化的平衡。

二、缠结与毡缩

缠结是毡缩的初始阶段，毡缩是通过机械力不定向作用（如搅动）而导致的严重缠结。

将羊毛纤维浸于水中时，水可以充当润滑剂而使纤维更易发生移动，而且羊毛吸水后鳞片会膨胀而使其柔韧性增加。为了保证纤维之间的相互移动，则必须搅拌，尽管洗毛过程中的搅拌作用相对轻柔，但也足以造成一定程度的缠结，甚至是毡缩。

缠结的原因与相邻纤维鳞片的方向的排列密切相关，纤维之间的摩擦力随纤维排列的变化而变化。如图4-12所示，有四种可能的排列运动方式。

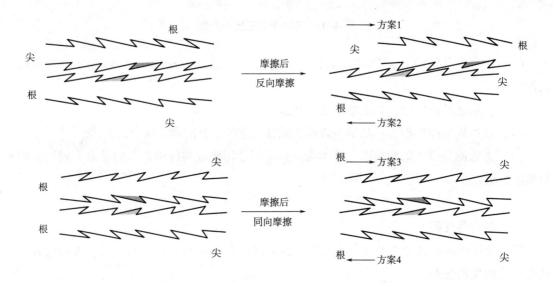

图4-12 羊毛纤维排列形式

方案1：羊毛鳞片方向相反，而运动方向与鳞片方向相反。
方案2：羊毛鳞片方向相反，而运动方向与鳞片方向相同。
方案3：羊毛鳞片方向相同，而运动方向与鳞片方向相反。
方案4：羊毛鳞片方向相同，而运动方向与鳞片方向相同。

羊毛表面的鳞片，根部附着于羊毛主干，尖端指向羊毛头端，使逆鳞片方向的摩擦系数大于顺鳞片方向的摩擦系数，这一特性称为定向摩擦效应。

当羊毛纤维在洗涤过程中受到机械力的作用时，羊毛纤维就开始缠结。缠结是毡缩的第一阶段，严重缠结很难与"毡缩"区别开来。对缠结纤维的处理会导致纤维大量断裂。

洗毛中，湿羊毛受到机械力的作用会导致纤维的缠结。纤维的缠结会导致后道工序纤维的断裂，而且缠结越多，纤维的断裂将越多。

三、洗毛过程中使缠结增加的因素

羊毛纤维从根部→尖部与从尖部→根部的摩擦力的差异越大，则越易产生缠结。洗毛过程中使缠结增加的因素如下。

1. 开毛

开毛是使羊毛产生缠结的第一道工序，开毛中开松作用越剧烈则纤维缠结越多。这是因为开毛过程中纤维开松位置及开松方向是随机的。

2. 纤维直径

细美丽诺羊毛的定向摩擦效应比粗羊毛的更大，因此，加工细羊毛时更容易产生缠结，而加工用于做地毯的粗羊毛时产生的缠结较少。

3. 水

水会使定向摩擦效应增加，水可以充当内部润滑剂使单根纤维的柔韧性增加。在水中，美丽诺羊毛的鳞片高度会增加约20%，因此在机械作用下更容易产生缠结。

4. 洗涤剂

在洗毛过程中洗涤剂的作用非常重要，洗涤剂（如肥皂）是外部的润滑剂，可以促进单根纤维的移动。排出部分洗涤剂的羊毛经受机械作用，则会产生缠结，尤其当存在泡沫时，缠结将增加。

5. 温度

随着温度的升高，羊毛的塑性和柔韧性会增加，因此缠结将增加。温度对细羊毛的影响较小。

6. 工作点

工作点是指在洗毛过程中作用于羊毛上的机械部件，设置工作点的数量及剧烈程度时，应以尽量减少缠结为目的。

重要知识点总结

1. 在羊毛加工过程中洗涤剂是必不可少的，洗涤剂的主要作用为润湿羊毛纤维的表面、去除杂质、将油污转移至洗毛液中、阻止再沉积。

2. 洗涤剂的结构中有亲水端和疏水端，洗涤剂可分为阴离子型、阳离子型、非离子型、两性型洗涤剂。

3. 洗毛过程中加入助剂可以提高洗涤剂的洗涤性能。

4. 选择洗涤剂需要考虑的因素为抗"失效"、环保型要求和吸附性能等。

5. 从羊毛中去除杂质的过程为：水和洗涤剂渗透杂质、杂质开始膨胀、羊毛脂呈球状液滴、去除易去除的络合和未络合的杂质、去除部分难去除的杂质。

6. 洗毛过程中既应尽可能洗净羊毛，也应尽量减少羊毛纤维的缠结。

7. 洗毛过程中缠结的影响因素为：羊毛纤维间的定向摩擦效应、开毛、纤维直径、水、洗涤剂、温度、工作点等。

练习

1. 洗毛过程中表面活性剂的主要作用是什么？

2. 表面活性剂的种类有哪些？哪些种类的表面活性剂可用于洗毛？

3. 什么是助剂？洗毛中助剂的作用是什么？

4. 纤维缠结的定义是什么？

5. 不同类型的羊毛产生的缠结有什么不同？

6. 洗毛过程中的哪些条件更易产生缠结？

第五章 洗毛工艺——设备

学习目标

1. 理解洗毛生产线的构造。

2. 掌握洗毛工序中所用的设备及其组成部件的作用，包括羊毛传输系统、洗毛液处理系统、洗毛槽等设备。

洗毛生产线主要包括在线的开毛、称重带、洗毛槽、烘干机等，也可能有烘干后的开毛，生产线流程如图5-1所示。

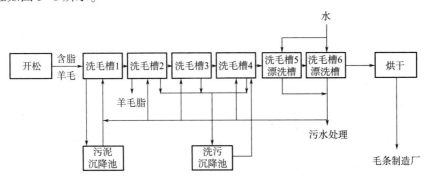

图 5-1 洗毛生产线

第一节 洗毛槽

洗毛槽是洗毛生产线中最主要的组成部分。如图5-2所示，经典的洗毛槽主要由羊毛传输系统、洗毛液处理系统、洗毛槽设计、杂质回收系统组成。

一、羊毛传输系统

羊毛传输系统的作用是将羊毛运送进或运送出洗毛液，最后将羊毛运送至挤压辊。如图5-3所示，羊毛传输系统主要包括中间输送带、喷水箱、浸渍装置、洗毛槽中的传输装置、将羊毛运送至挤压辊的传输装置、挤压辊等。

1. 中间输送带

中间输送带可以将原毛传送至第一个洗毛槽中，也可以将羊毛在两个洗毛槽之间传送，最后将羊毛传送至烘干机中。中间输送带的材质有以下几种。

（1）木板。现代洗毛机中已经不用木板，因为重量太重，对轴承和齿轮的负荷较高，而且羊毛可能会从木板之间落下。

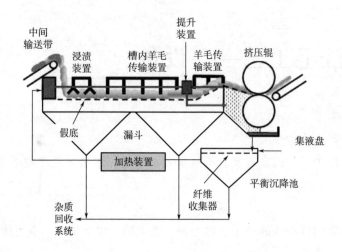

图 5-2　洗毛槽配置

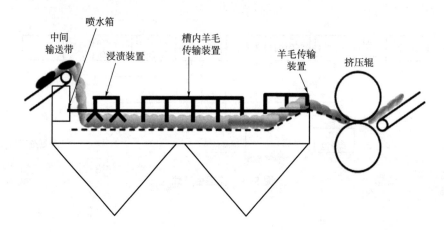

图 5-3　羊毛传输系统

（2）金属链网。纤维和杂质会在链网上聚集从而影响输送效率，且其很难传动。

（3）塑料介质。相对较轻，可以由安装于输送带幅宽方向上的多个链条齿轮驱动，大大减小了传动压力。

图 5-4　羊毛的喂入

输送带的线速度必须与挤压辊的线速度相匹配，而且应均匀一致，否则羊毛会堆积起来，使送毛量变得不均匀。当羊毛进入洗毛槽中时，下落的高度不能太大，输送带的表面应保持清洁，避免纤维和杂质的聚集。

2. 进料

将羊毛喂入洗毛槽的过程中可能会使羊毛产生缠结，喂入的过程如图 5-4 所示。羊毛从传送带上落下后，就被再循环的洗毛液运送入第一个洗毛槽中。洗毛液的流动越急，产生缠结的可能性越大。

3. 浸渍装置

浸渍装置的作用是润湿羊毛，施加机械作用以去除杂质，使洗毛槽的底部保持清洁。由于浸渍装置从洗毛槽中提出来时会产生真空，钟式浸渍装置会干扰在底部堆积的材料，这对于粗纺系统中处理低产量羊毛时更为重要。

用于洗毛过程中的浸渍装置至少有五种不同的形式：旋转式、鱼尾式、铃式、单盘式、箱式，如图 5-5 所示。

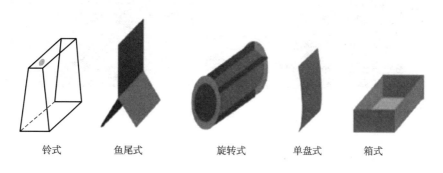

| 铃式 | 鱼尾式 | 旋转式 | 单盘式 | 箱式 |

图 5-5　不同形式的浸渍装置

（1）旋转式浸渍装置。用于纤维进入洗毛槽时润湿羊毛纤维，可以是实心的或多孔的，通常在主要输送系统上，通过单独的驱动器驱动运行。这种浸渍装置的优点是可以将所有的羊毛压入洗毛液中，羊毛须丛不会被破坏。缺点是羊毛会在滚筒内部聚集，对轴承产生压力；杂质会在浸渍装置下方聚集，且此装置不会搅动洗毛液，这成为处理低产量羊毛的主要问题。旋转式浸渍装置的线速度应该与进料羊毛须丛的线速度相匹配以避免对羊毛须丛产生破坏。

（2）鱼尾式浸渍装置。这种浸渍装置一般安装于洗毛耙的两端以将羊毛输送至洗毛槽中，如图 5-6 所示。当羊毛进入洗毛槽时，洗毛液会定时地推动羊毛须丛向前运动，因此只有部分羊毛会被推动进入洗毛液中。鱼尾式浸渍装置可能会使羊毛纤维断裂，从而增加纤维缠结的可能性。某些洗毛厂中，在中间的洗毛槽中，已经用鱼尾式浸渍装置取代了旋转式浸渍装置，因为鱼尾式的浸渍效果更好，但是在最后的漂洗槽中仍然采用旋转式浸渍装置。

（3）铃式浸渍装置。又称钟式浸渍装置。这种浸渍装置通常会沿着洗毛耙安装，而不是仅仅置于洗毛耙的前端，如图 5-7 所示。相对于其他类型的浸渍装置，铃式浸渍装置的搅拌作用更剧烈，因此可以清洁洗毛槽的底部。当铃式浸渍装置向上运动时，会将洗毛液从洗毛槽中带出，然后洗毛液在重

图 5-6　鱼尾式浸渍装置

力作用下重新回到洗毛槽中。

图 5-7　铃式浸渍装置

铃式浸渍装置搅拌的程度特别适用于去羊汗的槽，因为此时羊毛表面仍含有羊毛脂，可以阻止纤维的缠结；但是该浸渍装置不适用于漂洗槽，因为此时羊毛纤维表面的羊毛脂已经被去除，剧烈的搅拌作用会造成纤维的缠结。

铃式浸渍装置的安装位置和所占的空间应该适当，以确保羊毛可以尽快被洗毛液润湿，其目标是最大限度地延长洗毛槽中的浸泡时间，从而最大限度地提高洗毛槽的清洗效果。必须严格控制铃式浸渍装置中机械作用的剧烈程度以免较细羊毛的缠结。对较脏的粗纺羊毛进行洗毛时，应将铃式浸渍装置沿着洗毛耙安装，以确保固体杂质不会聚集于洗毛槽底部；对较细的精纺羊毛进行洗毛时，铃式浸渍装置仅用于在洗毛槽的入口处对羊毛进行润湿。

（4）单盘式浸渍装置。这种装置是最简单的，其中含有一个平的或稍微弯曲的板，安装于洗毛耙的底部。此装置与进入洗毛槽的羊毛仅有单向接触，因此对羊毛润湿的效率较低。可以在板上安装针齿以助于羊毛的移动。

（5）箱式浸渍装置。这种装置中含有一个安装于洗毛耙底部的长方形金属箱，箱子的底部是不锈钢网，此不锈钢网可以是平板状或锯齿状以助于羊毛的移动。这种浸渍装置能够确保进入洗毛槽中的羊毛全部被润湿。

有些洗毛生产线会采用钟式结合抽吸的浸渍装置，以增加浸渍效果。在将羊毛向下和向前推的过程中，不管有没有吸力，羊毛都会受到紊流影响，增加缠结的风险。

4. 洗毛槽中的传输装置

羊毛被浸渍装置润湿后，传输装置将通过浸渍装置的羊毛移离洗毛槽。而且在羊毛传输过程中，传输系统应提供一定的机械作用以去除羊毛中的杂质。羊毛在洗毛槽中的传输有五种形式：洗毛耙、分离叉、三曲柄耙、抽吸滚筒及喷洗装置，如图 5-8 所示。

（1）洗毛耙。洗毛耙上面沿洗毛槽的宽度方向上排列有很多针齿，其运动轨迹为长方形。羊毛进入洗毛液后，洗毛耙可以伸入羊毛纤维中，沿着洗毛槽运动，推动羊毛在洗毛液

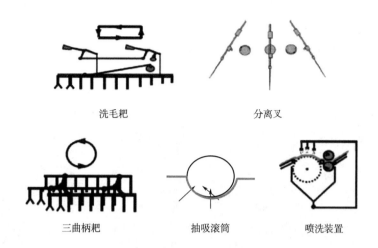

洗毛耙 分离叉

三曲柄耙 抽吸滚筒 喷洗装置

图5-8 羊毛在洗毛槽中的传输形式

中向前移动；然后向上抬起，逆向运动至初始位置。因为其运动轨迹是长方形的，而且旋转的速度较低，因此产生纤维缠结的可能性小，但是使用一段时间后，驱动机构会发生磨损，从而导致作用不均匀而使纤维产生缠结。

（2）分离叉。分离叉模拟了干草叉的作用原理，非常适用于处理低产量羊毛的洗毛机。此种传输系统将羊毛在洗毛槽中传输时，施加于羊毛上的机械作用较多，因此产生纤维缠结的可能性较大。分离叉的机械运动可能会破坏纤维须丛的均匀性，因此很少用于现代洗毛机中。但是其变体形式仍用在一些洗毛生产线上，以将羊毛从洗毛槽输送至挤压辊中。

（3）三曲柄耙。含有三个按照120°排列的耙齿，平衡性好，其运动轨迹为圆形，因此产生缠结的可能性较大。三曲柄耙洗毛机的优点是可以降低耙的速度以适合加工细毛羊；增加耙的速度以适应加工低产量的羊毛。

（4）抽吸滚筒。又称吸鼓，由多个滚筒组成，洗毛液可以通过羊毛须丛被吸进滚筒中，旋转滚筒的表面可以握持羊毛纤维，直至滚筒离开洗毛液时抽吸停止，羊毛被释放。羊毛通过洗毛槽的过程中被反复握持和释放，直至到达下一个抽吸滚筒。抽吸滚筒的机械作用比较温和，因此产生的纤维缠结很少，但洗毛效果差。

（5）喷洗装置。此系统可以将热的碱性洗毛剂喷于由多孔传送带或多孔滚筒承载的羊毛上。此系统产生的纤维缠结较少，但是洗毛效果差，洗净毛仍然较脏。

5. 将羊毛运送至挤压辊的传输装置

挤压辊的夹持点一般位于洗毛液水平面以下。羊毛沿着洗毛槽被传送至挤压辊的夹持点，在进入夹持点之前，羊毛中的大部分洗毛液已经被挤压排出。将羊毛运送至挤压辊的传输装置主要有以下五种形式。

（1）头耙。头耙与洗毛耙类似，但是随着羊毛被推出洗毛槽，头耙耙齿的配置逐渐变短，而且运动轨迹是圆形的，如图5-9所示。向前运动时，其运动的距离很短，所以头耙的速度是主传输系统的2~3倍，这会使缠结的可能性增加。现代洗毛机上多使用头耙。

（2）扩展耙。扩展耙末端的耙齿逐渐变短，可以推动羊毛向洗毛槽底部的斜板上运动。

（3）分离叉。这种装置已经被淘汰。

（4）摆动耙。这是分离叉的升级装置，如图5-10所示。摆动耙的运动速度相对较低，而且容易使羊毛移动至洗毛槽的外部。

图 5-9　头耙　　　　　　　　　　图 5-10　摆动耙

（5）比利时升降装置。这是一种相对较复杂的摆动耙，如图5-11所示。比利时提升装置可以将羊毛从洗毛槽中提升至输送带上，然后喂入挤压辊中。现代洗毛中已不使用这种装置。

在运送羊毛的过程中，需要注意以下几点。

（1）将羊毛从洗毛槽移出时，应避免纤维的聚集和缠结。

（2）将羊毛从洗毛槽移出时，运动应该均匀，因此水位面不能太低。

（3）对湿态羊毛的搅拌不能过于剧烈，否则会产生过多的缠结。

（4）如果排水板的孔隙过高，则洗毛液的排放会过快，导致羊毛进入挤压辊时过干。

（5）如果排水不够充分，挤压辊会被浸没于羊毛和洗毛液中，从而使挤压不均匀。

大多数洗毛流程中有一个机械装置——主耙，主耙可以将羊毛从洗毛槽中传输至挤压辊，如图5-12所示。不同主耙的机械作用的剧烈程度不同。为了减少机械作用的剧烈程度，一般

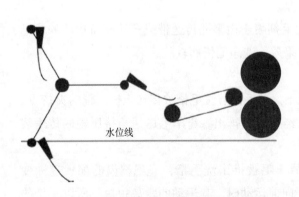

图 5-11　比利时升降装置

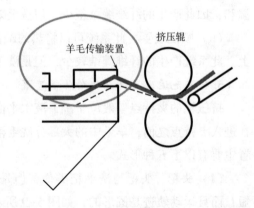

图 5-12　主耙将羊毛从洗毛槽中传输至挤压辊

会使用比利时升降装置（已不再使用）、摆动耙、头耙、扩展耙（已不再使用）等。

6. 挤压辊

挤压辊如图5-13所示，在洗毛生产线中所起的作用非常重要，具体如下。

（1）挤压辊的夹持点处去除洗毛液的速度较快，因此有助于去除纤维表面的杂质。

（2）挤压辊可以挤压去除羊毛中的大部分液体，因此可以减少带入下一个洗毛槽的杂质量。

（3）烘干前的最后一个挤压辊可以去除羊毛中的大部分液体，从而减少烘干所需要的能量，节约成本。

（4）挤压辊的有效运转可以使洗毛生产线中的羊毛须丛比较均匀。

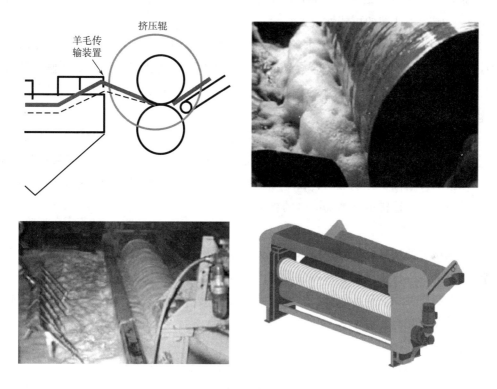

图5-13　挤压辊

挤压辊表面包覆的材料可以是固态橡胶、羊毛（通常使用粗羊毛）、尼龙、由合成纤维或合成纤维/羊毛混合制成的编织绳索，用不同材料包覆制成的挤压辊的挤压效率几乎相同，但是耐用性不同，编织绳索的耐用性最好。

使用挤压辊时，会出现很多问题，这些问题大多是由压辊包缠的形式和条件导致的，具体如下。

（1）纤维滑移。原因为：洗毛液过多，泡沫过多不利于挤压辊将羊毛纤维夹紧；羊毛纤维上的残余羊毛脂过多；压辊表面覆盖材料的重叠不好；挤压不均匀。

（2）橡胶挤压辊比其他材料的挤压辊的重叠效果好。与其他材料相比，羊毛更容易黏附在橡胶辊上，包缠橡胶辊或向橡胶辊喷水清理可以减少羊毛的这种黏附。

（3）挤压辊质量退化，不均匀的挤压通常是由于压辊质量的退化引起的。

（4）如果挤压辊上包裹的是羊毛，则必须仔细执行保养程序，否则挤压辊上的包覆碎片会脱落并污染羊毛，尤其是使用粗羊毛包覆时。

二、洗毛工艺中导致缠结的因素

1. 挤压辊

施加于挤压辊上的压力会影响缠结的程度。在挤压辊的夹持点附近，主要会产生以下两种形式的缠结。

（1）在最后一个洗毛槽中，依靠耙的推动作用将羊毛向下喂入挤压辊之间，如果挤压辊周围有泡沫，则产生毡缩的可能性较大。

（2）挤压辊夹持点附近，纤维束的头端被紧紧夹持，尾端被压紧但是依然可以自由移动。通过挤压辊的挤压作用和湍急的紊流水流，洗毛溶液将被从羊毛中挤出而使纤维束的尾端移动，从而产生缠结。在现代的洗毛配置中，挤压过程是使纤维产生缠结的主要原因。

2. 水位

当羊毛从一个洗毛槽清洗完毕后，羊毛会被推上一个斜面，到达胸腔位置，然后被推入挤压辊。有的洗毛工艺员会提高槽中的水位，使羊毛能在洗毛液作用下，直接通过胸腔位置；但也有工艺员认为水位不应该过高，在羊毛被推动从斜面下降的过程中，水分会被挤出，减轻挤压辊的负担，但这样也会增加纤维的缠结。

3. 湿开毛

很多洗毛厂会使用湿开毛以使喂入烘干机的羊毛比较均匀。在喂入箱中湿态的羊毛会相互聚集，而且喂入隔板会旋转，从而使纤维产生缠结。

现代洗毛机中使用的是抽吸滚筒，其对喂入原料的均匀性要求不是很高，因为现代洗毛机对羊毛的控制更加有效。

4. 洗毛条件

很多洗毛条件都会影响纤维的缠结，主要包括洗毛流程设备工艺及各个槽的洗毛条件。

洗毛流程设备工艺中对羊毛缠结影响较大的因素包括槽的配置、循环系统、浸渍系统、耙料分离机构、挤压辊及槽与槽之间的传输装置。

（1）槽的配置。去羊汗槽、洗毛槽及漂洗槽的设置会直接影响羊毛的洗涤洁净度和缠结程度。减少缠结的关键是保留羊毛纤维上面的羊毛脂，羊毛脂存在时，纤维很难缠结，因此去羊汗槽中很少出现纤维缠结，但是随着羊毛脂的去除，纤维缠结开始增加，即随着羊毛在洗毛液中处理的时间越长，缠结的风险越大。

（2）循环系统。循环系统的设置，特别是水流流量和流速的设置，对羊毛缠结影响较大。高效率的洗毛液循环系统能提高洗毛洁净度，但会增加羊毛缠结，特别是在进料系统的喷射箱中，喷射速度越快，越容易导致缠结。

（3）浸渍系统。浸渍装置在单独一个洗毛槽或者沿着洗毛槽线上排布的位置以及浸渍操作引起的紊流会影响缠结程度。浸渍装置的类型也会影响缠结程度。

（4）耙料分离机构。耙的类型、效率、运动的均匀性等参数，特别是耙的类型，通常会影响羊毛的缠结程度。

（5）挤压辊。挤压辊的挤压力将会影响缠结的产生。

（6）槽与槽之间的传输装置。传输装置的震动程度是影响洗毛液流动的重要因素，也影响着羊毛的缠结程度。

洗毛条件中，洗毛槽温度、洗毛时间、洗毛液 pH、洗涤剂、生产速度等也直接影响着羊毛缠结的程度。

（1）时间。羊毛与洗毛溶液接触的时间越长，越容易产生缠结。

（2）洗毛溶液循环的速度。洗毛溶液循环的速度越高，则产生的缠结越多，尤其是在喷射箱中。

（3）温度。温度越高，去除的杂质越多，产生的缠结也越多。

（4）pH。pH 越高，缠结产生的越快，但是产生的影响比其他因素小。

（5）洗涤剂。洗涤剂的种类、浓度及添加方式都会影响缠结的程度，但是洗涤剂是必不可少的，因此在选择洗涤剂时需要同时考虑缠结程度和清洁度两方面。

（6）生产速度。生产速度过低，羊毛在洗毛槽中的移动增加，会使产生的缠结较多；生产速度过高，由于"针刺"效果和"充料填塞"效应也会使产生的缠结较多。因此需要选择适当的生产速度。

（7）洗毛方式。化学洗毛产生的缠结少，机械洗毛产生的缠结多。

三、洗毛液处理系统

在对洗毛液加热并将其重新返回洗毛槽之前，洗毛液处理系统可以将洗毛液从洗毛槽中带入平衡装置或侧槽中。洗毛液在洗毛槽中的流动应充分，以使羊毛在被带入或带出洗毛槽时不会受到剧烈的搅拌作用。

单独的洗毛液处理系统运行的步骤为：喷射箱将洗毛液喷入洗毛槽；使液体在洗毛槽中流动；使洗毛槽中的水位高度高于胸腔；洗毛液流入收集箱；洗毛液流入侧槽；对水进行加热。

洗毛液处理系统中用到的装置如下。

（1）喷射箱。可以使液体沿着洗毛槽均匀分布。液体的流动速度应足以推动羊毛在洗毛槽中的移动，但不能过高，过高会产生纤维缠结。

（2）液位控制装置。安装于洗毛槽的侧面，可用于调整洗毛槽中洗毛液的高度，该高度应该有助于羊毛从洗毛槽中移出。

（3）收集箱。安装于排水板和挤压辊的下方，可以从液位控制装置的溢流中、排水盘中、挤压辊中收集洗毛液。收集箱的液体中含有片毛，所以这些液体需要先通过一个过滤器进行过滤。

（4）侧槽。侧槽是洗毛槽的重要组成部分，是洗毛液的缓冲系统，如果没有缓冲系统，洗毛效果将较差。通过侧槽将洗毛液送入杂质回收系统。洗毛所用的化学物质从侧槽中加入，从而使它们在加入洗毛槽之前可以预先混合。侧槽也是后面的洗毛槽或清水的反向水流的收集槽。

（5）加热装置。最简单的加热方式是注入蒸汽，但是需要消耗大量的蒸汽，成本较高。现代洗毛机中使用热交换器，使用蒸汽或气体燃烧产生的热量对洗毛液进行加热。

四、洗毛槽设计

洗毛槽在设计时，要注意必须安装一个假底以利于确定羊毛纤维通过洗毛槽的体积，在假底的下方需要有一个区域用于收集洗毛液中的污泥，必须有相应的方法及时地清空洗毛槽底部的污泥。

1. 洗毛槽的形状

洗毛槽的种类很多，根据形状的不同，可以分为以下几类，如图 5-14 所示。

（1）俯视图为长方形，主视图为长方形［图 5-14（A）］。这是最简单的设计，需要定时的将洗毛槽中的液体倒掉以去除底部的污泥。这种洗毛槽常用于炭化生产线中作为酸性的槽，不常用于洗毛生产线中。

（2）俯视图为长方形，主视图为五边形［图 5-14（B）］或梯形。这种洗毛槽一般是用铸铁制成，是一种较古老的洗毛槽。洗毛槽底部的污泥可以由安装于洗毛槽底部的螺旋传送机带走排出，但是污泥可能会将传送机堵塞。

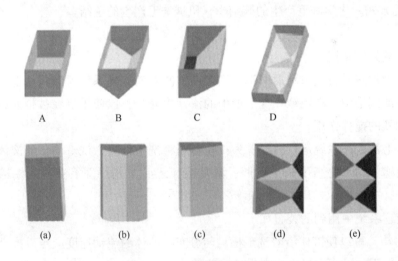

图 5-14 不同形状的洗毛槽

图中（a）~（d）为图 A~D 槽从底面向上观测到的图像，图（e）为图 D 的另一种形式

（3）侧视图为三角形的立体梯形［图 5-14（C）］。这种洗毛槽中含有漏斗式的底部，底部的角度会影响分离污垢的效率。

（4）槽底部为多角形，侧面呈现三角形［图 5-14（D）］。这种洗毛槽一般是用不锈钢制成的，其底部也呈漏斗式。改变漏斗的角度可以使污泥在洗毛槽底部沉积的速率增加。

2. 洗毛槽的配置

可以通过改变洗毛槽的配置，以适应不同的羊毛原料及产品要求。

（1）洗毛槽的数量。在澳大利亚，一般洗毛生产线中含有4个长的槽，2个用于洗毛，2个用于漂洗。随着生产率的提高、用水量的降低，为了生产合格的产品，需要增加洗毛槽的数量。在现代洗毛生产线中一般至少有6个槽。

（2）洗毛槽的长度。现代洗毛生产线中洗毛槽一般长为2~6m，宽为2~3m。

（3）侧槽。侧槽有助于调节洗毛槽中的液体含量，可以使羊毛脂的回收更有效，也有助于清洁洗毛槽。

（4）假底。设计假底时，需要考虑以下三个因素。

①筛网上孔洞的大小。筛网的孔洞应足够大，以使污垢通过，但也不能过大，防止流出羊毛纤维。

②孔洞的覆盖面积。加工含杂量多的低质量羊毛或含粪便羊毛时，孔洞的覆盖面积应足够大以阻止凝胶状的固体在筛网上聚集。

③筛网的厚度。筛网应足够厚以使其在洗毛中不会产生弯曲。最好的配置为可以连续有效地去除污垢。

第二节　影响洗毛生产线配置的因素

洗毛生产线安装好之后，若要改变，则需要的费用较高。因此，在配置洗毛生产线时，应该考虑以下因素。

1. 成本

安装一个新的洗毛槽时，需要设置管道、杂质回收系统和废水排放系统，这些设置都会产生额外的费用而使成本增加，因此，在配置洗毛生产线时，应平衡考虑洗毛槽的灵活性和成本。

2. 场地空间的限制

洗毛生产线一般呈直线排列，从洗毛前处理至洗毛槽再至烘干所用的设备排列在一条直线上。比较节省空间的配置为隔板式喂毛箱、称重带给料机、洗毛槽和烘干机。

3. 待洗羊毛的种类

细羊毛比粗羊毛更易产生缠结，因此，加工细羊毛时应更加注意纤维的缠结，洗毛槽的长度应短些。在洗毛前处理和洗毛过程中，质量较差的羊毛比质量较好的羊毛需要更多的机械作用，因此质量较差的羊毛的洗毛槽的长度要长些。

4. 生产率

洗毛生产线的宽度应根据洗毛产量的需要进行选择，一旦完成安装则无法改变。

5. 洗毛生产线中所用的设备

羊毛传输系统常用的形式是三曲柄耙和抽吸滚筒。加工细羊毛时常用的浸渍装置是旋转式浸渍装置，加工用于粗纺系统中的羊毛时常用的浸渍装置是鱼尾式浸渍装置和铃式浸渍装置，加工细羊毛时如果第一个槽是除羊汗槽则此槽中使用铃式浸渍装置。现代洗毛机中一般不使用湿开毛，但中国的传统洗毛过程中仍在使用湿开毛，以使喂入烘干机的羊毛须丛比较均匀。

第三节　洗毛配置

常规的洗毛配置包含长洗毛槽及其改进形式、迷你洗毛槽、多漏斗洗毛槽、混合型洗毛线。

1. 传统的长洗毛槽

传统的长洗毛槽有 4~5 个没有漏斗底的洗毛槽，如图 5-15 所示。50 年前经常用，目前中国的某些工厂仍在使用。

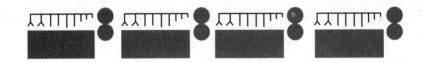

图 5-15　传统长洗毛槽配置

这一系统的优点是：洗毛液与羊毛的接触时间较长，可以使杂质充分膨胀，洗毛效果好，尤其适用于加工含杂量多的原毛。但此系统含有的工作点较多，使产生缠结的可能性增大；而且没有杂质回收装置，需要定时将洗毛槽中的液体倒掉以清洗洗毛槽，因此，会增加运行成本，降低生产效率。

2. 带有去除羊汗槽（热洗毛液）的长洗毛槽

这是对传统的长洗毛槽系统改进而来的，在这个系统中，第一个槽是除羊汗槽，槽中的洗毛液到达了一定温度；第二个和第三个槽是洗涤槽；第四个槽和第五个槽是漂洗槽。这是许多中国洗毛厂中的典型配置。这一配置可能出现以下问题。

（1）羊毛会在除羊汗槽的夹持点产生滑移。

（2）可回收的羊毛脂量减少。

（3）在除羊汗槽中，会去除部分羊毛脂，因此可能产生较多的纤维缠结。

（4）需要定时将洗毛槽中的液体倒掉，清洗洗毛槽，因此会增加成本。

3. 带有立槽的传统长洗毛槽

这一配置仅用于少部分洗毛厂中，共有 4~5 洗毛槽，其中前两个槽是立槽，后面有两个或三个漂洗槽。这一配置的缺点如下。

（1）需要经常将洗毛槽中的液体倒掉，从而影响成本和生产效率。

（2）带入漂洗槽的杂质增加，从而增加了杂质再沉积的可能性，使洗涤效果较差。

4. 迷你槽

洗毛槽的长度仅为 2m，如图 5-16 所示，在 20 世纪 70 年代，此配置常用于新西兰加工地毯用羊毛的洗毛。

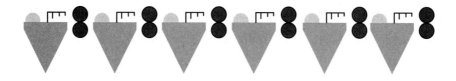

图5-16　迷你槽的配置

此系统中工作点较少，因此缠结的潜在威胁较少，特别适合精纺系统中高质量的羊毛的洗毛。但搅拌速度大，也会使纤维缠结增加。

5. 多漏斗槽

最近几年，很多工厂将迷你槽改造成为多漏斗槽，在每个洗毛槽中漏斗的数量不同。最典型的配置为，在总的洗毛长度为20~30m中有6个多漏斗槽。

用多漏斗槽加工杂质含量多的羊毛时，洗毛效率较高，但是洗毛线越长，产生的纤维缠结越多。因此，必须控制工作点的个数以生产清洁、高质量的产品。

加工澳大利亚羊毛的典型洗毛生产线是由6个洗毛槽构成的多漏斗系统。

6. 抽吸滚筒

这一洗毛系统应用了超过30年，有6个或7个双漏斗槽。抽吸滚筒的机械作用比较温和，因此产生的纤维缠结较少，但洗涤效果差。在漂洗槽中，羊毛须丛有过滤的作用，因此产生再沉积的可能性较大，使洗净毛的颜色差。

7. 混合型洗毛线

采用机械作用温和的抽吸滚筒去除羊毛脂，与机械作用剧烈的三曲柄耙相结合，以去除杂质并改善羊毛的颜色。将两种系统组合使用，可以更有效地清洗羊毛。图5-17展示了一个混合型洗毛线配置的实例：包含6个多漏斗槽，其中第一个槽和最后一个槽是长槽，中间有3个带有抽吸滚筒的洗毛槽。3个带有抽吸滚筒的洗毛槽运动，增加了第一个漂洗槽的杂质量。

图5-17　混合型洗毛线配置实例

第四节　洗毛过程中需要折中的问题

洗毛过程中需要辩证地处理相互矛盾的关系，找出折中处理方法。

一、纤维清洁程度与缠结程度问题

在洗毛过程中，一般希望最大限度地洗净羊毛并且尽可能避免产生纤维缠结。洗毛时的搅拌可以去除杂质，但也可能使羊毛产生毡缩。温和的洗毛运动（如抽吸滚筒系统）可以减少缠结，但是洗后的羊毛会较脏；而剧烈的洗毛运动可以获得比较干净的羊毛，但是纤维的缠结也更多。

二、纤维清洁程度与损伤程度问题

洗毛时，为了去除更多的杂质，洗毛企业一般会采用更高的温度或 pH，但这会增加对羊毛的损伤。

三、清洁程度与环境问题

有些环境法规会限制某些洗毛工艺的使用。

为了达到更好的洗毛效果，在制订洗毛工艺时需要平衡以上三个问题。

第五节 减少洗毛过程中纤维缠结的方法

洗毛的主要目的是将污物去除到可接受的残留水平。这限制了洗毛生产线可改变的程度，例如，在没有搅拌或羊毛被过度约束的情况下，纤维缠结可能增加，污垢清除可能不彻底，但洗毛生产线是固定的，很难通过洗毛生产线配置解决这一问题。这时，需要既能使原毛中所含杂质降至一定的值，又能减少纤维缠结的方法。这可以通过改造机器、改变洗毛介质和洗毛系统配置达到。

一、对现有洗毛机进行改造

在洗毛中，减少机械作用可以减少纤维缠结。减少机械作用主要是指减少工作点的数量，如减少洗毛槽的个数、改变浸渍装置等。这种方法对纤维缠结的改善程度较小。

二、彻底地对洗毛机进行改造，减少工作点的数量

彻底改造的目的是通过减少羊毛在洗涤过程中所受的机械能来减少纤维缠结。可以在洗毛区域使用有孔的传输带或滚筒来输送羊毛，如 CSIRO 发明的喷气洗毛机、UNSW 发明的喷气洗毛机、Fleissner 发明的抽吸滚筒系统等。但羊毛絮在经过漂洗时会留有较高的残余污垢，并会产生污染物的再沉积。

三、改变洗毛介质

水会使羊毛的定向摩擦效应和柔韧性增加，从而使纤维缠结增多，因此，可以采用其他有机溶剂代替水以减少纤维缠结，但是溶剂回收的成本较高。使用有机溶剂洗毛时必须进行

严格控制以减少对环境的污染，还应注意使用的安全性和工作人员的健康问题。

四、改变洗毛系统的配置

在连续的洗毛槽中执行的功能顺序（洗毛、漂洗）可以改变，这将影响羊毛的清洁和缠结程度，在后续的章节中将详细描述。

重要知识点总结

1. 洗毛生产线主要包括在线的开毛、称重带、洗毛槽、烘干机等。

2. 洗毛槽主要由羊毛传输系统、洗毛液处理系统、洗毛槽设计、杂质回收系统组成。

3. 影响洗毛槽生产线配置的因素为：成本、场地空间的限制、待洗羊毛的种类、生产率、洗毛生产线中所用的设备。

4. 典型的澳大利亚洗毛生产线是由 6 个洗毛槽构成的多漏斗系统。

5. 洗毛中既应尽可能洗净羊毛，也应尽量减少羊毛纤维的缠结。

6. 洗毛机中可能产生缠结的部位为：进料部位、浸渍装置、传送装置、挤压辊等。

7. 减少缠结的方法为：对现有洗毛机进行改造、彻底地对洗毛机进行改造、改变洗毛介质、改变洗毛系统的配置。

练习

1. 现代洗毛生产线的主要组成部分有哪些？

2. 什么会限制洗毛生产线的设计？

3. 抽吸滚筒洗毛的优点是什么？

4. 挤压辊会产生哪些问题？

5. 什么是纤维缠结？

6. 不同类型的羊毛产生的缠结有什么不同？

7. 洗毛中的哪些条件更易产生缠结？

8. 洗毛机的哪个部位最可能产生缠结？

9. 解释杂质去除与纤维缠结之间的关系。

第六章 洗毛工艺——工艺变量

学习目标

1. 理解洗毛生产线的构造。

2. 掌握洗毛工序中所用的设备及其组成部件的作用，包括羊毛传输系统、洗毛液处理系统、洗毛槽等设备。

3. 洗毛工艺的变量包括洗毛配置、水、洗涤剂、助洗剂、其他化学添加剂和温度等。

第一节 洗毛槽配置

洗毛生产线的配置需要考虑两个因素：机械因素和工艺变量因素。在上一章中，对洗毛过程中涉及的机械因素进行了讨论。一旦洗毛生产线组装好，改变物理和机械配置的困难很大。为了得到一个较为灵活的、可以处理不同羊毛的洗毛系统，槽内的管道分布也很重要。影响洗毛槽配置的工艺因素有很多，主要有洗毛槽的作用、洗毛槽的安排。

一、洗毛槽的作用

在洗毛生产线上，洗毛槽主要有三个主要功能，即除羊汗、洗毛和漂洗。

1. 除羊汗槽

在不清除羊毛脂的情况下，尽可能多地清除泥和羊汗。要求槽中温度低于羊毛脂的熔点，在槽中加入少量或不加入洗涤剂。这种洗毛槽，称为除羊汗槽。

2. 洗毛槽

除去松散羊毛上的杂质，尤其是羊毛脂。洗毛槽的温度设置大于 50℃，并加入活性洗涤剂对羊毛进行洗涤。

3. 漂洗槽

漂洗羊毛，将羊毛表面附着的杂质清洗掉，并去除洗毛液中从羊毛上去除的杂质，阻止杂质再沉积到纤维上。很多工厂采用向漂洗槽加入某些化学试剂来防止杂质的再沉积。漂洗槽的温度和水量根据漂洗模式设定。

二、洗毛槽的安排

在洗毛生产线中，洗毛槽的排列有三种经典模式：传统法 SSSRRR、两步法 SSSRSR、三步法 DSSRSR。其中 S 表示洗涤槽、R 表示漂洗槽、D 表示除羊汗槽。

1. 传统法

这一系统中含有 2~3 个洗涤槽和 2~3 个漂洗槽。有些情况下，也会将第一个槽改为除羊汗槽。

2. 两步法

这一系统中至少含有 6 个槽，常用于现代的洗毛工艺。这种方法不依赖于羊毛传输系统。它将洗毛线分为两个阶段，在第一阶段，去除大部分易去除的杂质；在第二阶段，去除少量的难以去除的杂质。

这一系统中，杂质有足够的时间可以吸水膨胀，这有助于杂质的去除。

3. 三步法

第一步，去除羊汗。在第一个槽（除羊汗槽）中，尽可能多地去除羊汗，但不去除羊毛脂。这意味着污垢可以迅速进入杂质回收系统。由于提前将羊汗从洗毛液中分离出来并将羊汗排放，因此在后续的废水处理中只需添加较少的化学物质即可。

第二步，去除易去除的杂质。第二个和第三个槽为洗涤槽，其中含有热的洗涤剂溶液。第四个槽有两个作用：漂洗以去除易去除的杂质、使难去除的杂质吸水膨胀。

第三步，去除难去除的杂质。第五个槽是洗涤槽，向其中加入洗涤剂以促进杂质的去除，并且可防止再沉积。第六个槽完成最后的漂洗。

三、洗毛槽配置的注意事项

洗毛槽在安排时，还要注意几个实际问题：槽的设置是用作洗毛而非沉淀池；为了能够通向槽下方的机器，槽应该竖立在工厂地板平面之上；优良的洗毛线配置是能够根据需洗羊毛品质的不同而有不同的操作。图 6-1 为典型的洗毛槽配置简图。

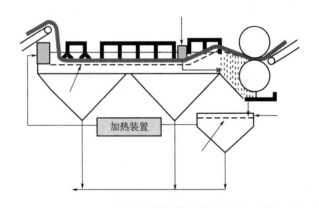

图 6-1　典型洗毛槽的简图

引自：国际羊毛局（2016）

第二节　洗毛用水

一、洗毛用水的配置

洗毛厂应该建在靠近高质量水资源的地方，尽量避免水硬度及多价阳离子含量对洗毛的影响。此外，水价格的升高和水资源的限制，使得洗毛时水的高效利用变得越来越重要。在洗毛线的操作过程中会使用不同的洗毛配置，所以洗毛的用水模式也会相应地发生变化。很多现代的洗毛流程都是由计算机控制，可以自动控制水的使用。洗毛生产线配置中，有几个用水模式能大大提高水的利用效率。

1. 全逆流式

这种用水模式可以有效地去除杂质，但是在污染物回收和污水处理方面存在不足，如图6-2所示。

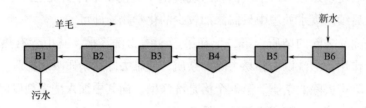

图6-2　全逆流式

2. 逆流加对流漂洗式

与全逆流式相比，逆流加对流漂洗式，允许要从B6槽流出的液体回流，回流的漂洗水进入回收装置，重复利用。这种局部逆流式配置常用于现代洗毛线中。

3. 部分逆流式

我国很多洗毛厂会采用部分逆流以及竖槽和对流漂洗结合的配置。如图6-3所示。

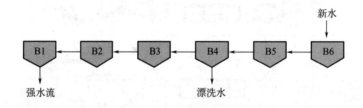

图6-3　部分逆流式

4. 竖槽和对流漂洗结合式

漂洗槽将两个洗毛阶段分开进行，在去除剩余的难以去除的污染物之前，先将残留在液体中的污染物去除。该系统是最大限度地利用水和产生更集中的强水流排放的最佳折中方案。

5. 漂洗水的部分水回流到除羊汗槽式

这种配置将漂洗水重复利用，流回除羊汗槽中，从而减少了用水量。

二、用水量控制的注意事项

在洗毛生产线控制用水量时，应注意的问题如下。

（1）研究漂洗水的循环，以降低漂洗用水的消耗和提高在干净水中漂洗获得羊毛的质量。

（2）就杂质回收、污水处理、产品质量而言，排出的污水流应该被分开，强水流和漂洗水流的比值应该为1∶2。

（3）逆流加对流模式或部分逆流模式从流水线漂洗槽回收了漂洗水，减少了总流水线水量，洗涤效率受到影响，强污水流排放量减少。

（4）两步洗毛法的漂洗槽将两个洗毛阶段分开进行，在难去除杂质被洗去之前可以去除残留在液体中的杂质。

（5）三步洗毛法是改变两步洗毛法的第一个槽，将其改成了除羊汗槽。

第三节　影响洗涤剂用量的因素

一、洗涤剂

1. 洗涤剂用量

影响洗毛过程中洗涤剂用量的因素有以下三个。

（1）原毛羊毛脂含量。细羊毛的羊毛脂含量比粗羊毛多，因此洗涤细羊毛时所需的洗涤剂较多。

（2）洗净毛产量。同等重量的含脂羊毛，洗净后产量越低，证明原毛所含杂质越多，所消耗的洗涤剂更多。

（3）羊汗的性质。杂交羊毛通常比美丽诺羊毛含有更多的羊汗，而且羊汗 pH 趋于碱性，有助于洗毛。

2. 洗涤剂添加位置

根据机器配置选择洗涤剂添加位置。

（1）竖槽。因为竖槽没有逆流，洗涤剂可以直接加入竖槽中。

（2）逆流方式的多槽配置。将洗涤剂加入到每一个槽中，并在第二个洗涤槽中加入较高比例的洗涤剂，通过逆流将洗涤剂输送到第一个洗涤槽。

（3）两步法洗毛。由于使用中间漂洗，将大多数洗涤剂加入第一个和第二个洗毛槽中，其余部分加入第二个洗涤阶段的洗毛槽中。必须注意不要添加过多的洗涤剂，以防止过度发泡。

（4）三步法洗毛。大部分洗涤剂加入第二个阶段的两个主要槽中。部分洗涤剂加入除羊汗槽中，在碱性洗毛过程中羊汗本身有助于润湿羊毛。剩下的洗涤剂加入第五个槽中进行第三步洗毛。

3. 洗涤剂添加方式

（1）间断性添加。在使用计量泵之前，每隔 30~60min 间歇地添加一次洗涤剂。洗涤剂用量的不同导致洗毛效果不同。如果不追加洗涤剂，将无法获得较好的洗毛效果。

（2）持续性添加。通过滴定系统不断增加洗涤剂，但很难校准并控制添加量。

（3）采用现代技术添加。为了易于校准，所有的现代技术都使用计量泵，并且使用逆流模式多槽洗毛。使用计量泵可实现连续添加洗涤剂、优化洗涤工艺，通过杂质的回收，循环利用洗涤剂，使其利用率最大化。

二、助洗剂及其他化学添加剂

助洗剂是一种化学试剂，通常是无机盐。助洗剂能提高洗涤剂的性能，但它没有去污性能。

助洗剂可以提高杂质去除率，调节 pH，以加快杂质的去除，使得洗后的羊毛能更好地为后续加工做准备。

最常见的助洗剂有碳酸钠（纯碱）、氢氧化钠、硫酸钠和羊汗。碳酸钠和氢氧化钠都是碱性助洗剂，碱性条件下更容易去除杂质，使加工的毛条更好，但是纤维会增加损伤，导致泛黄和强度下降。羊汗本身就是一种助洗剂，在碱性条件下还有洗涤效果。特别是洗涤杂交羊毛时，羊汗作为助洗剂的效果更为明显。值得注意的是，如果使用去羊汗槽（如在三步法洗毛中），所需的表面活性剂数量会显著增加。

除了洗毛剂和助剂，洗毛过程中，还会用到其他化学添加剂。在现代洗毛工序中，增加化学试剂可以减少耗水量及高品质水的用量，以获得更好的洗毛效果。这些化学添加剂有抗再沉淀的作用，防止难去除的杂质再次沉淀，同时通过络合作用去除水中金属离子，如铁、钙、镁等。

三、温度

温度是洗毛过程中的关键变量。可以通过调节温度解决洗毛过程中的许多问题。

1. 洗涤效果

非离子型洗涤剂有最佳洗涤温度范围。洗涤温度越高，阴离子洗涤剂洗涤效果越好。

2. 纤维的损伤

温度越高，纤维损伤的潜在风险越高。

3. 缠结

羊毛纤维在高温时的可塑性导致纤维缠结的可能性随温度升高而增加。

4. 除羊汗槽中杂质的去除

如果温度太高，羊毛脂就可能从羊毛上被去除，进入洗毛液中，致使羊汗被洗出，挤压时羊毛纤维产生滑移，造成纤维缠结。

5. 能源消耗

高温处理导致成本增加。

在实践中调节温度时要考虑众多其他因素的影响。例如，用作地毯的羊毛洗涤温度高于美丽诺羊毛，因为做地毯的羊毛不用考虑缠结的影响。美丽诺羊毛洗毛的典型温度范围是：除羊汗槽为 30℃，加入非离子型洗涤剂的洗毛槽温度为 57~65℃，加入纯碱和肥皂的洗毛槽温度为50~52℃，漂洗槽温度为40~55℃。

重要知识点总结

1. 洗毛槽有三种作用：除羊汗、洗涤、漂洗。

2. 洗毛槽有三种配置方法：传统法、两步法、三步法。

3. 洗毛过程中影响洗涤剂使用量的因素有：原毛羊毛脂含量、洗净毛产量、羊汗的性质。

4. 助洗剂是一种能够改善洗涤效果的化学物质。

5. 温度是洗毛过程中的关键因素。

练习

1. 除羊汗槽、洗涤槽和漂洗槽之间有什么不同？

2. 除羊汗槽、洗涤槽和漂洗槽分别需要加入多少表面活性剂？

3. 相比于两步洗毛法和三步洗毛法，传统洗毛法怎么样？

4. 两步洗毛法的优点有哪些？

5. 三步洗毛法的优点有哪些？

6. 为什么软水对洗毛很重要？如何软化水？

7. 什么是助洗剂？举例并说明其在洗毛过程中的作用？

第七章　洗毛中杂质回收的基本原理

学习目标

1. 理解洗毛中杂质回收的目的。
2. 了解固—液分离的原理。
3. 了解液—液分离的原理。
4. 掌握杂质回收设备的特点及原理。

第一节　概述

一、杂质回收的目的

洗毛的目的是将黏附在羊毛表面的杂质去除，去除之后的杂质在洗毛过程中如何转移、转移之后的杂质如何处理、送去哪里处理等问题接踵而至，这就要求有配套的杂质回收系统，进行杂质的回收处理。杂质回收系统主要有以下目的。

（1）提高洗毛的效率，减少停机时间。如果不能对杂质进行有效回收，每次洗毛后都需要将洗毛槽中的液体倒掉重新加入新的洗毛溶液，这将降低产量和生产效率。

（2）对洗毛溶液进行回收再利用，可以使资源得到更加充分的利用。

（3）更好地利用洗涤剂的洗涤作用，某些杂质会吸附洗涤剂而降低洗涤剂的洗涤效果，因此需要去除这些杂质。

（4）洗毛槽中的杂质含量少，则带入下一洗毛槽的杂质也较少，而且会减少杂质再沉积于羊毛纤维上的概率，提高洗毛效果。

（5）降低污水排放和污水处理的成本，减少对环境的污染。

（6）回收得到的羊毛脂可以对外出售，从而增加企业的收入。

（7）增强了对生产过程的控制。

二、杂质回收系统

为了从洗毛溶液中去除杂质，应将乳液状的羊毛脂分离出来以及将沉淀污垢和某些植物性杂质去除两个过程应该同时进行。

洗毛中主要包括固—液分离（如污垢的沉淀）和液—液分离（如通过离心法将羊毛脂乳液从洗毛溶液中分离出来，即在高速离心运动中由于不同密度的液体会分层从而分离羊毛脂）两种典型的分离模式。

当对洗毛溶液进行离心时，会同时发生以下两种分离：第一种是污垢沉淀（固—液分离）；第二种是羊毛脂分离，羊毛脂乳液的密度比水小，可以通过离心法从洗毛液中分离

（液—液分离）。不同类型的分离如图7-1所示。

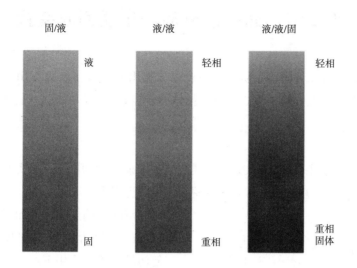

固/液	液/液	液/液/固
液	轻相	轻相
固	重相	重相固体

图7-1 不同类型的分离

污垢的去除与羊毛脂的回收主要有三点不同。

（1）污垢的去除是固—液分离，羊毛脂的回收是液—液分离。

（2）污垢的密度比洗毛溶液的密度大，而羊毛脂的密度比洗毛溶液的密度小。

（3）污垢与洗毛溶液间密度的差异比羊毛脂与洗毛溶液间密度的差异大。

三、斯托克斯定律及其意义

固—液分离技术，即将固体污染物从洗涤液中分离出来的技术。从液体中分离固体或从一种液体中分离另一种液体的过程可以用斯托克斯定律来描述，如下式所示。

$$v = \frac{d^2(\Delta\rho)ng}{18\mu} \tag{7-1}$$

式中，v为分离的速度（cm/s）；d为被分离的粒子的直径（cm）；$\Delta\rho$为被分离的固体与液体或液体与液体之间的密度差异（g/cm^3）；g为重力加速度（cm/s^2）；n为系数，与分离装置有关，靠重力分离时，$n=1$；μ为主要液体相的黏度［g/(cm·s)］，如洗毛中所用水的黏度。

分析斯托克斯定律，可以得出以下结论。

（1）无论是分离固体还是分离乳液，分离的速率取决于被分离物质微粒的尺寸，微粒的尺寸增加一倍，分离速度变为以前的四倍。

（2）增加固体与液体或液体与液体之间的密度差异，可以提高分离的速度。

（3）在颗粒或液滴被收集之前，减小颗粒或液滴之间的距离，可以提高分离的程度及速度。

（4）增加分离系统的离心力可以提高分离的速度。

（5）减小主要液体相的黏度可以提高分离速度。

第二节　固—液分离的杂质回收装置

固—液分离系统可以将固体杂质从洗毛液中分离出来。很多装置可用于固—液分离，主要包括沉降池和离心装置，其中离心装置包括水力旋流器、沉降式离心机、圆盘式离心机。

一、沉降池

沉降池是最简单的固—液分离装置，主要包括一个横截面为圆形或长方形的水槽，两侧分别有进水管和出水管，一块隔板（隔板一般置于入口附近以阻止液体回流），如图7-2所示。

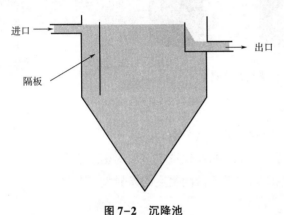

图7-2　沉降池

沉降池的工作过程如下。

（1）将含有悬浮固体的水注入水槽，使污垢在重力作用下沉积。

（2）将位于上方的澄清液体通过出口排出。

（3）随着时间的推移，沉积的污垢将会填满水槽，然后从出口排出。

（4）沉降槽的底部可以安装一个漏斗，连续地或定期地将沉积的污垢从水槽的底部排出。沉降槽的性能取决于槽的体积、污垢沉积的速度、污垢从液体中去除之前需要沉淀的距离等。

在沉降池中，有一种是斜板式沉降池，如图7-3所示。可以对原有的沉降池进行改造，形成斜板式沉降池，斜板式沉降池也可以作为独立的单元进行安装。斜板式沉降池是将一系列倾斜且互相平行的薄板置于沉降池中，污垢可以沿着薄板滑下，并收集在沉降槽的底部。

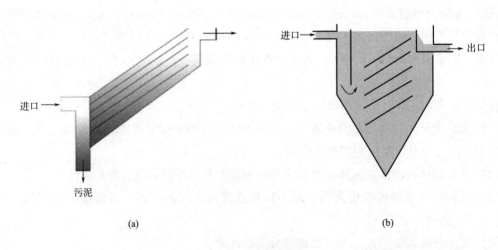

（a）　　　　　　　　　　　　　　　　（b）

图7-3　斜板式沉降池

当液体的体积固定时，改变分离器的形状可以使污垢沉降的距离减少，从而提高污垢沉淀的速度。体积相同时，主要有如图7-3所示的两种类型的斜板式沉降池，图7-3（b）所示的斜板式沉降池中的杂质去除速率高于图7-3（a）所示的，因为图7-3（b）固体杂质沉降的距离更短，但是这种设计的成本较高。

二、离心装置

提高污垢沉降速度的另一种方法为增加污垢离心力，主要采用以下三种离心装置。

1. 水力旋流器

水力旋流器中没有发动机等推动部件，是依赖进入的水流的能量转变为动能来产生离心力，进口的配置可以使脏水开始在螺旋管内旋转，较重的污垢微粒迅速螺旋下降至底部，而液体质量较小，从水力旋流器顶部出口溢出。水力旋流器的尺寸越小，所产生的离心力越大，因而分离效率越高，但是需要使用的水力旋流器个数越多。水力旋流器结构如图7-4所示。

2. 沉降式离心机

沉降式离心机结构如图7-5所示。使用一个较长的旋转滚筒使污垢分离，这个滚筒一部分是圆柱形，另一部分是圆锥形，滚筒的旋转会产生离心力。在滚筒内部有一个沿轴向旋转的传输装置以连续地从系统中去除固体杂质，传输装置的旋转方向与滚筒的旋转方向相同，但是速度比滚筒的略低或略高，因而可以将杂质从洗毛槽中去除。脏水（泥浆）喂

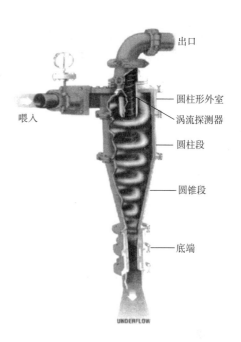

图7-4　水力旋流器结构示意图

入至离心机后会分布于离心机圆锥形部分的内部，污垢会移至槽的外部被轴向旋转的传输装置移至离心机的尾端，然后对污垢进行脱水直至被排出。脏水可以顺向喂入沉降式离心机中，也可以逆向喂入沉降式离心机中。

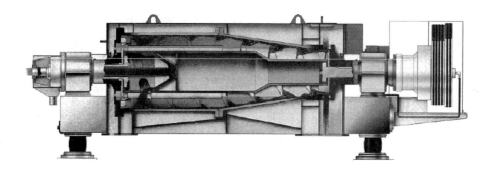

图7-5　沉降式离心机结构示意图

3. 圆盘式离心机

增加可用于沉积的表面积或施加离心力可以增加污垢的沉积。圆盘式离心机常用于羊毛脂的回收，这种装置结合了以上两种改进方法的优点，因此污垢分离的效果较好。

圆盘式离心机结构如图7-6所示，其工作过程如下。

（1）将液体从装置的上方喂入，沉淀池中的斜板可以旋转。

（2）水槽可以沿着其边缘绕其轴线旋转。

（3）这种离心机的最大特点是，斜板形成圆盘，离心力沿着圆盘从顶部指向下方和外侧。

（4）液体通过离心机中心的进料口喂入。

（5）液体通过离心力作用向圆盘外围（即装置上部）移动，最后处理后的液体从上部的出口流出。

（6）在离心力的作用下，污垢会向下并向外运动，然后聚集于圆盘的底部。

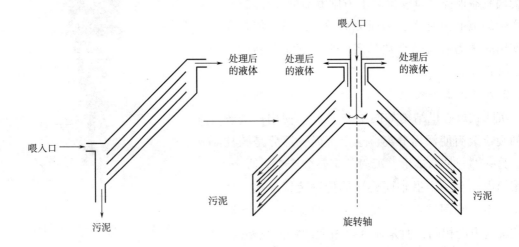

图7-6　圆盘式离心机结构示意图

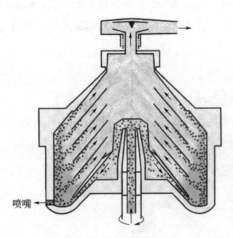

图7-7　喷嘴式离心机

圆盘式离心机有三种处理固体的方法。

（1）固体槽式离心机。固体保留在槽内，污泥到达一定量后，必须停止和拆卸离心机以去除污泥，因此仅在收集少量固体时使用。

（2）开槽式离心机。槽是分离的，带有O形圈，在槽的两半之间形成密封。根据需要停止进料并破坏密封以排出固体。因为离心机需定期停止和拆卸，所以该过程是半连续的。这种类型的离心机适用于仅含少量固体的污水。

（3）喷嘴离心机。如图7-7所示，污垢通过喷嘴（图7-7左下方的小孔）连续排出，安置在槽的周边。喷嘴的数量和内径决定喷嘴的流速。

第三节 液—液分离的杂质回收装置

洗毛中的液—液分离是指将羊毛脂从洗毛液中分离出来的过程。在洗毛工序中，羊毛脂以液体的形式存在。可用于液—液分离的装置设备很多，主要有重力分离设备、圆盘式离心机及水力旋流器。

一、重力分离设备

两种互不相溶的液体（如油和水）混合在一起会产生沉积，会形成三层结构，如图7-8所示：上层，是两种液体中密度较小的液体；底层，是两种液体中密度较大的液体；中间层，同时含有两种液体。分离结束时，中间层成为两种液体的分界界面。

液—液分离的基本原理与固—液分离的基本原理类似，不同之处在于液—液分离装置中需要有两个液体出口，因此需要重新设置沉降槽。液体混合溶液喂入沉降槽后，会立即开始分离，密度较小的液体从上方的出口排出，密度较大的液体从下方的出口排出，中间层的液体位于分隔两个出口的挡板位置。液—液分离的过程如图7-9所示。在图中，如果将可调节的挡板放置于重相的出口处，则可以通过调整挡板的高度来改变中间层的位置。例如，将挡板放置得低一点，则中间层会向下移动，如果过低，中间层将移动至挡板的上方，较重的液体会被较轻的液体沾染；相反，将挡板放置得高一点，则中间层会向上移动，如果过高，则从上方出口排出的液体会被较重的液体沾染。控制挡板高度的装置被称为重力圆盘。

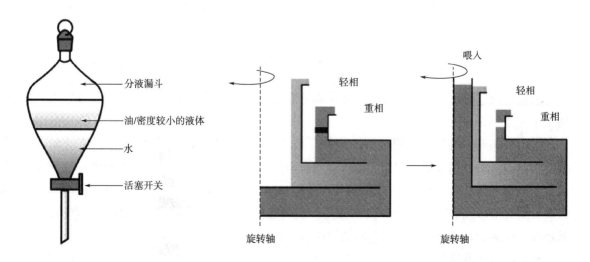

图7-8 重力分离设备形成的三层结构   图7-9 液—液分离过程示意图

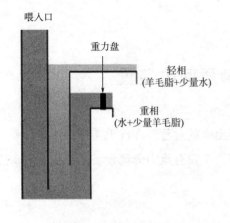

喂入口

重力盘

轻相
(羊毛脂+少量水)

重相
(水+少量羊毛脂)

图 7-10　羊毛脂回收系统

即使在精练液离心时，也不会出现绝对干净的分离液。如图 7-10 所示，从轻相出口出的是富含羊毛脂相，从重相出口出的是含有少量羊毛脂的水相。当重力圆盘高度增加时，从轻相出口回收的羊毛脂较多，但羊毛脂乳液中羊毛脂的浓度较低。反之，如果降低重力圆盘高度，较少的羊毛脂从轻相出口排出，乳液中羊毛脂的含量将增加。根据羊毛脂回收系统的不同，三步回收系统中羊毛脂的最佳回收浓度为 15%～20%，两步回收系统中羊毛脂的最佳回收浓度为 45%。

二、圆盘式离心机

圆盘式离心机主要有两类：净化式圆盘离心机，如图 7-11（a）所示，用于净化液体；增厚式圆盘离心机，如图 7-11（b）所示，用于增加固体的含量，但不会产生干净的乳液。

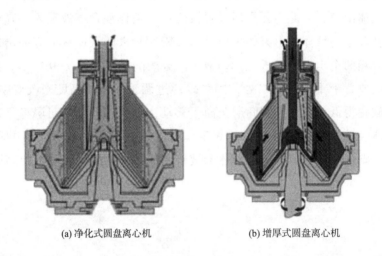

(a) 净化式圆盘离心机　　　　　　　(b) 增厚式圆盘离心机

图 7-11　圆盘式离心机

前面讨论过圆盘式离心机在固—液分离上面的应用，这些设备更常用于液—液分离，如用于羊毛脂回收。

重力分离对于两种互不相溶的液体的分离效果较好，但是对于较稳定的乳液（如洗毛液、牛奶等）的分离效果不理想，可以使用离心力来改善分离的效果。常用于液—液分离的装置为圆盘式离心机，如图 7-12 所示，在进料口处，较轻的液体和较重的液体混合在一起，进料口需要沿轴线旋转以将两种液体分离。在离心槽内放置一个圆盘可以缩短分离的距离，从而改善分离的效果。在圆盘与中间层对应点上设置一个小孔。较轻的液体移至旋转轴线附近，较重的液体将远离旋转轴线，重力圆盘的作用与固—液分离所用的圆盘式离心机中的作用相同。

三、水力旋流器

目前已开发出用于油水分离的水力旋流器，但还未大量用于洗毛液中羊毛脂的回收。用水力旋流器分离两种液体的主要缺点为：水力旋流器中产生的剪切力会使乳液液滴的尺寸减小从而降低分离的效率，可以通过改进入口的设计以消除剪切力。用于固—液—液系统的分离装置如图 7-13 所示。

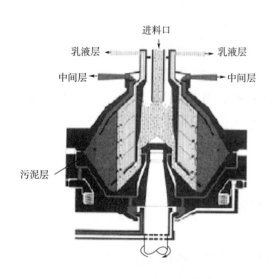

图 7-12　圆盘式离心机

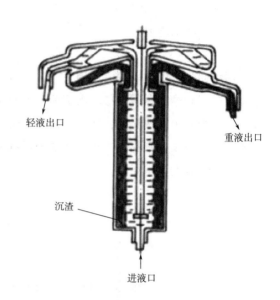

图 7-13　固—液—液分离装置

重要知识点总结

1. 杂质回收的目的：提高洗毛的效率及洗毛的效果、节约成本增加收入、增强对生产过程的控制。

2. 在洗毛中，主要有三种类型的杂质分离：固—液分离，可去除固体的污垢；液—液分离，可回收羊毛脂；固—液—液分离，去除污垢的同时分离出羊毛脂。

3. 固—液分离的过程遵循斯托克斯定律，可用于固—液分离的装置有：沉降池、水力旋流器、沉降式离心机、圆盘式离心机。

4. 液—液分离可以从洗毛液中分离出羊毛脂，当两种互不相溶的液体发生重力分离时，会形成三层结构。主要使用圆盘式离心机从洗毛液中分离羊毛脂。

练习

1. 杂质分离的三种形式是什么？
2. 详细解释一种"分离"，并举例说明洗毛中包含的分离的类型。

第八章　洗毛用水中污物的回收

学习目标

1. 了解污物回收所用的设备。
2. 掌握洗毛用水中污物的回收方法。
3. 掌握羊毛脂的回收方法。

污物回收可以提高洗毛利用率、洗毛效果和最终产品质量，有效的污物回收能减少洗毛槽停机时间和槽间杂质转移的再沉淀，保障了整个工艺流程的顺利进行。污物回收的同时能充分吸附废水中的洗涤剂，使干净的洗毛废水充分地回收利用，降低了污水排放及废水处理的成本，其中羊毛脂的回收还可增加公司额外效益。对于提倡节能环保的现代化工业生产来说，污物回收尤为重要。

第一节　污物回收设备

污物回收系统通过杂质回收链与洗毛工序结合起来，即洗毛液在经过污物回收设备后再次回到洗毛槽。通过污物回收设备，污物从槽的底部取出，处理后的洗毛液再次回到侧槽中。

一、污物回收装置

1. 传统沉降池

沉降槽用来去除洗毛液内的杂质。由于沉降池内的洗毛液容积是固定的，所以以平衡洗毛槽与沉降槽的温度需要花费很长时间。由于沉降池的体积较大，需放置于离洗毛加工线较远的位置（一般放置在室外），因此沉降池监控管理成为问题。如果沉降废料在沉降池底部滞留，出料口就会堵塞，而清理堵塞口十分困难。

2. 隔板沉降池

隔板沉降池的体积比较小，可以安装在洗毛加工厂内部，方便监控。

3. 水力旋流器

洗毛工序中会用到三种尺寸的水力旋流器，较大的用来去除羊毛脂回收中的粗糙固体，较小的用来回收洗毛槽中的杂质。在水力旋流器之前安装纤维过滤网，防止纤维堵塞。水力旋流器放置在接近洗毛加工的地方，以减少能源损失，便于更好地监管。由于流入排放比例问题，可能造成潜在的可回收羊毛脂大量损失（最多可损失30%）。更频繁的护理和维护是必需的，因为小尺寸的孔在排放污物时容易被阻塞。有些污垢具有腐蚀性，不及时处理会影响机器运作。

4. 沉降式离心机

自 20 世纪 70 年代末以来，沉降式离心机已经广泛应用于洗毛工业中。但由于成本较高，不经常用于杂质回收。

二、设备操作

通过纤维网或楔形筛网，洗毛液中的污物从洗毛槽底部排向污物回收设备。为了防止杂质堵塞漏斗和厌氧环境的产生，漏斗底部液体需要高速流动。操作流程如图 8-1 所示。

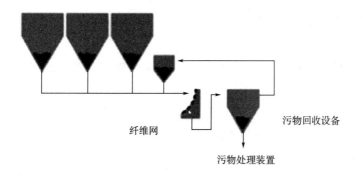

图 8-1　污物回收设备

水力旋流器比沉降池的污物回收效果好，主要因为水力旋流器具有热量损失小、资源成本低、占用空间小、杂质分离效率高、能够安装在洗毛生产线旁边等优点。

三、洗毛接口

一个洗毛生产线有两个杂质回收链，第一个回收链设置在三步洗毛法的第一个槽——除羊汗槽中，第二个回收链设置在洗毛槽中，设置的接口位置和数目由洗毛槽的配置决定。当污物回收系统与羊毛脂回收系统相配合时使用时，如图 8-2（a）所示，从污物回收的液相进入羊毛脂回收系统。当污物回收系统与羊毛脂回收系统相分离时，采用两个系统并联配置，能够优化污物回收条件。

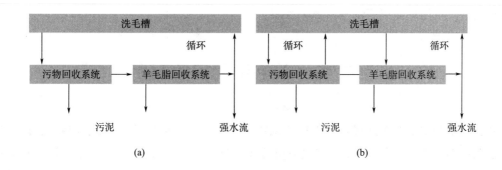

图 8-2　杂质回收链

从洗毛槽中取出受污染的液体的最佳位置取决于污染物。从洗毛槽底部和侧边的洗毛槽中提取杂质最理想，但不用于羊毛脂回收。槽内的排放定时器会控制从单个槽内取出受污染液体的比例。每个洗毛槽内都有一些水力旋流器，通常情况下经过处理的洗毛液都会返回到洗毛槽的侧槽中。

四、漂洗水中污物的回收

与除羊汗槽或洗毛槽中的废液相比，漂洗槽废水含有相对较少的污染物，因此，漂洗槽废水使用不同的除污技术，使处理后的水能够循环使用。在羊毛洗涤生产线中，可以采用生物处理、化学絮凝及膜分离法对漂洗废液进行污物处理。

1. 生物处理

漂洗废水被排放到一个起沉降作用的湖中进行生物处理。处理过的水再返回到洗毛槽之前经过化学处理。

2. 化学絮凝

在该系统中，漂洗废水采用无机絮凝剂和有机絮凝剂相结合的方法处理。沉淀后，处理过的水返回到洗毛生产线。

3. 膜分离

微滤膜会阻止粒子直径 $1\mu m$ 或者更大的分子通过，这意味着只有可溶性盐、一些胶体和洗涤剂分子能够通过膜。易结垢是大多数膜系统普遍存在的问题，但由于漂洗液中有少量羊毛脂，所以微滤膜结垢率很低。

循环使用漂洗水的一个主要优点是，在比平常干净得多的水中漂洗羊毛，可以使洗过的羊毛颜色更好。此外，化学处理与膜处理还可节省加热成本。

五、操作注意事项

首先，应明确洗毛系统不是杂质回收系统，需要确保污垢能够充分、及时地从洗毛槽底部清除，输送到杂质回收系统中。确保所有的排放物都流入同一个收集管而不是一个排放口。要确保沉降池底部漏斗的排放阀随时可以打开，以防止漏斗堵塞。排放时间根据槽内杂质累积量而定。可以将薄片沉降池与水力旋流器结合成两步杂质回收系统以减少羊毛脂的损失。最重要的是，可循环使用漂洗水，节约资源。

第二节 羊毛脂的回收利用

回收设备与洗毛线的连接点（即回收系统杂质喂入点，简称喂入点或取料点，即从洗毛线中抽取污垢的点）的位置取决于洗毛槽的设计。有一些洗毛线，喂入点必须设置在侧槽或槽底部。这些位置的污垢量最多，而羊毛脂的浓度较低。利用这些系统，污垢和羊毛脂的回收是在同一个回收循环中。

在现代设计中，洗毛线的取料点设置在挤压辊附近。理想的取料点是在挤压辊附近的侧箱中，这个位置为非紊流区。此时，液体中污物含量可能是最低的，而羊毛脂的浓度最高。

羊毛脂回收应注意离心机类型的选择、离心机进料口的选择、如何安排污物及羊毛脂处理液的循环使用以及回收羊毛脂的最佳方法和条件。液—液分离，特别是羊毛脂的回收，多采用圆盘式离心机。

一、圆盘式离心机的作用

圆盘式离心机执行两个作用，一是从洗毛液中回收羊毛脂乳液，二是从回收的乳液中提取无水羊毛脂。圆盘式离心机如图8-3所示。

图8-3　圆盘式离心机

1. 洗毛液中的羊毛脂回收

目前有三种类型的圆盘式离心机：固体槽式、开槽式和喷嘴式。只有喷嘴式离心机可以用于羊毛脂回收，因为固体槽式离心机很容易被杂质填充，填充速度也很快；开槽式离心机需要停机排放杂质。圆盘式离心机将洗毛液分为三个阶段：含有回收羊毛脂的乳膏阶段、包含杂质的沉淀阶段以及可循环洗毛液的分离阶段。

2. 无水状态下的羊毛脂回收

用于从乳液中分离羊毛脂的离心机必须具备以下功能。

（1）通过热水作用，可以从乳液中分离水溶性污染物和细小污垢。

（2）浓缩乳液的固体含量。

（3）将乳液转化成油包水型乳液，浓缩固体含量来生产无水羊毛脂。

二、处理液循环系统

所有回收系统都需要一个纤维过滤器在废液到达回收装置前去除羊毛纤维。羊毛脂回收系统有一个大的（100mm）水力旋流器，以移除侵蚀固体（如沙子），保护离心机。只有除羊汗槽连接了一个污物回收系统，其他洗毛槽都有两个污物回收系统，一个用于杂质回收，另一个用于羊毛脂回收。这些可以串联或并联排列，分别叫作连续式和并行式。

1. 连续式

新西兰羊毛研究所设计的系统就是连续式循环系统，如图 8-4 所示。但这种设计也有不足，取料点位于洗毛槽的底部和侧槽（是理想的杂质回收法，但不适用于羊毛脂回收），而且污物回收装置与羊毛脂回收的最佳条件不一致，造成污物与羊毛脂回收不能兼顾。

2. 并行式

现代洗毛生产线多采用污物与羊毛脂回收并行式循环系统，如图 8-5 所示。在这种设置中，两个系统可以在最适合的取料点分别取料，两个系统的性能也可以单独设置，分别达到最优状态。

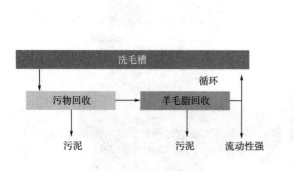

图 8-4　连续式循环系统

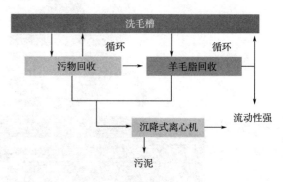

图 8-5　并行式循环系统

三、离心机的设置

在羊毛脂回收系统中离心机有两种设置方法，分别为两步法和三步法。

1. 两步法

在两步法回收系统中，如图 8-6 所示，在第一阶段中，从主离心机中提取的乳脂为总固体含量（TS）的 40%~45%，该乳液必须至少达到这种浓度，才能使净化离心机生产出无水羊毛脂。

这种安排对第二阶段净化器离心机施加了很大的压力，需要浓缩水包油乳液的浓度，将乳液中的水溶性物质和污垢从乳液中清除，使乳液转换为油包水乳液，得到含水低、污垢和水溶性物质含量低的无水羊毛脂，所有这些都很难完成。

2. 三步法

在三步法回收系统中，如图 8-7 所示，第一阶段离心机回收的乳液中，羊毛脂占 15%~20%，这是羊毛脂回收的最佳乳液浓度。

在第二阶段中，浓缩离心机使羊毛脂固体含量（TS）达到 70%，包括水溶性物质和污垢。

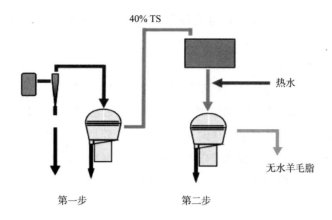

图8-6　两步法

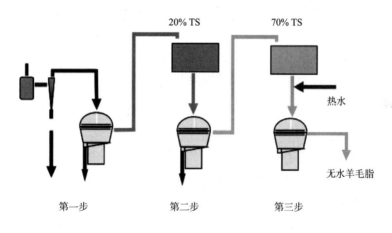

图8-7　三步法

在第三阶段中，离心机相当于一个净化离心机，通过浓缩精华，将水包油乳液转化为油包水乳液，生产出无水羊毛脂。

三步法回收系统较两步法回收系统回收的羊毛脂多，且羊毛脂质量更高。

四、优化工艺条件

为确保羊毛脂回收的最佳工艺原则，需要考虑以下问题。

（1）进入离心处理的废液在哪里取料？是在槽底、侧槽还是洗毛槽内？

（2）使用什么类型的离心机？

（3）如何设置废液处理线上的污物回收系统和废水回收系统？

（4）两步法回收系统和三步法回收系统哪个更适合现有生产线？

（5）羊毛脂回收最佳的工艺？

五、操作注意事项

在实际操作中，为更好地保证羊毛脂回收，要注意以下原则。

（1）使用两个或三个离心机提高再循环率，以确保最佳的羊毛脂回收效果，根据经验，每 100kg 含脂羊毛的取料速率为 $1m^3/h$ 较宜。

（2）需定期对设备进行维护。

（3）在购买离心机时，要特别注意确保轴承的坚固性。

（4）所有含有羊毛脂的洗毛液都必须在某个特定阶段经过羊毛脂回收系统。

（5）当洗毛液在洗毛线经过泵传送时，洗毛液不需要过度搅拌。

（6）废水中排出的羊毛脂含量随着羊毛脂回收量的增加而减小。

（7）鉴于回收的羊毛脂的价值，应尽可能多地回收利用。

重要知识点总结

1. 污物回收装置：传统沉降池、隔板沉降池、水力旋流器和沉降式离心机。

2. 漂洗水中的污物回收方法：生物处理、化学絮凝和膜分离。

3. 洗毛机中的槽属于洗毛系统并非是污物回收设备。

4. 污物和羊毛脂的回收方法分为连续式和并行式。

练习

1. 如何回收羊毛脂？

2. 影响羊毛脂回收的因素有哪些？

3. 在洗毛过程中最常用的污物回收系统是什么？

4. 如何从漂洗废水回收污物？

5. 羊毛脂回收的最佳工艺条件是什么？

第九章 废水处理

学习目标

1. 了解洗毛过程中涉及的环境问题以及杂质的潜在污染。
2. 掌握污泥与废水的处理方法以及影响废水处理的因素。
3. 了解污水排放有哪些限制因素。
4. 了解洗毛污水处理的发展趋势以及最佳的污水处理操作方法。

第一节 洗毛废水的来源及环境问题

只有部分羊毛脂和杂质（30%～50%）可在循环链中被回收，并且在洗毛用水重新回到洗毛过程之前需要一直不断地对洗毛液进行处理，其余部分被当作洗毛废水排放掉。

一、洗毛废水的来源

洗毛废水主要是由洗毛过程中的两道或三道污水流组成，具体如下。

（1）强水流。强水流包括从杂质和羊毛脂回收链和初步羊毛脂分离机流出的水流。

（2）漂洗水流。从羊毛漂洗槽排出的水流。

（3）除羊汗槽排出的水流（如果使用除羊汗槽）。

例如，典型的洗毛流程，每小时喂入1500kg原毛，这意味着有每小时大约排放140kg羊毛脂、140kg杂质和70kg羊汗。此外，污泥中大约45%的固体被排放到垃圾填埋场（每天约7t）。

二、与洗毛废水相关的环境问题

洗毛废水会产生一系列的环境问题，如有机物负荷、悬浮固体、药物残留、洗涤剂、盐浓度升高以及生物降解问题。

1. 有机负荷

有机负荷是指有机物在有氧降解过程中消耗氧气的量。从典型的洗毛线上排放的洗毛废水所产生的有机负荷相当于50000人消耗的氧气量。有机负荷是污水处理厂需要面临的一个重要问题，特别是面对低生物降解性的羊毛脂时。

2. 悬浮固体

生物处理厂在处理洗毛废液时，经常受到废液中固体悬浮物的影响。例如，在回收池中悬浮杂质会限制光在水中的渗透性，从而降低生物降解性。此外，悬浮杂质也会增加固体杂质的数量。在洗毛废水中出现的杂质会对悬浮羊毛脂的分离产生不利的影响。

3. 药物残留

在农场中，经常会用杀虫剂来控制各种绵羊寄生虫，在污水中发现农药的类型和数量是由于寄生虫的性质、处理时间与羊毛的收获时间共同影响的。澳大利亚羊养殖者使用的杀虫剂有法定的残留期，目的是减少洗涤废水中杀虫剂的数量，因此大多数澳洲羊毛含有的药残留量低。

4. 洗涤剂

洗涤剂会导致一系列问题，包括起泡沫、生物降解性差和生物降解产生的危险副产物。泡沫出现在洗涤剂用量过多时，一般不常见。在中国会使用阴离子型洗涤剂，从而造成废液的可降解性差。某些非离子型洗涤剂的生物降解副产物是有毒的，可能含有类似雌二醇的产物，现代工厂已不再使用这些洗涤剂。

5. 盐浓度

羊汗中钾盐约占 27%，这意味着在污水中钾盐约占 1%。如果处理过的废水用于土地灌溉，过多的钾会对土壤结构产生不利影响。

6. 生物降解问题

羊毛脂由于化学结构和物理特性很难被微生物降解。尤其是羊汗的一些成分也会阻止生物降解。在发展中国家，以前使用的一些阴离子型表面活性剂的生物降解性很差。

第二节　废水处理的方法

污水处理的方法主要有生物处理、化学处理、物理处理以及联合处理。

一、生物处理

生物处理指的是通过自然生物对池塘或潟湖中的污染物进行降解。由于羊毛脂较差的生物降解性和特殊的物理性能，使得洗毛废水的处理很困难，此外，污水处理会产生大量的生物污泥。近年来，在澳大利亚，关于生物处理用潟湖的问题被提出，因为人们认为倾泻物中的羊毛脂和污垢大部分留在了潟湖中而没有被降解。

二、化学处理

传统处理方法是用石灰、铁、硫酸铁、硫酸铝等无机混凝剂处理混合洗毛废水，这些化学物质产生的污泥相当多。现代化学处理法处理污水时，会将不同的水流分离，分开处理。

1. 强水流的处理

在同轴混合器（没有搅拌槽）内，调节 pH 后加入新一代高分子絮凝剂，之后立即加入一个离心混合槽中（如 Sirolan CF）。这个过程能去除 85%~90% 的有机负荷物。

2. 漂洗水的处理

如果漂洗废水是由少量的无机絮凝剂和高分子絮凝剂处理，得到澄清水，在不损伤羊毛质量的前提下可以被回收，重新回到洗毛流程中去。这种处理方法的优势是节省了大量用水，节约了大量能源（不是所有的进料水都需被加热，因为漂洗水自身有热度，可以不用重复加热），并且清洁的羊毛更干净。

三、物理处理

物理处理洗毛废水的方法主要有膜处理法、吸附法、蒸发法和焚化法四种。

1. 膜处理法

膜处理法利用半透膜分离洗毛废水中的悬浮固体、溶解的无机和有机固体成分（图9-1）。

大多数系统使用压力驱动分离，其中利用液压来迫使水分子、溶质和胶体物质通过膜。所有膜处理过程都面临处理液浓度的问题。所捕获颗粒的大小取决于膜处理的类型。

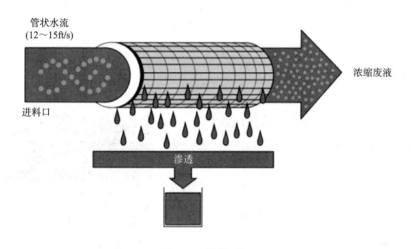

图 9-1　膜处理法

2. 吸附法

吸附是通过在该相和另一相之间的界面处的堆积，将原来存在于一相中的物质从该相中除去的过程。

在纺织废水处理时，吸附可以发生在固—液界面上。含污染物（被吸附物）的废水通过吸附剂（固体）的吸附界面，被吸附物的分子被吸附在吸附剂的孔隙中。

洗毛废水中的污染物浓度很高，这意味着吸附剂会迅速被污染或失去吸附能力。

3. 蒸发法

蒸发器通过蒸发空气减少洗毛废水的体积。对于大量洗毛废水来说，使用蒸发法时要求产生大量的蒸汽，需要消耗较多的能源，所以这种方法成本太高。

多级蒸发器引入真空技术和机械蒸汽再压缩技术增加了蒸发法的效率，明显降低了运行成本。但是经蒸发法处理后得到很多浓缩物，处理它们将面临一系列问题。

4. 焚化法

焚化是一个与其他洗毛废水处理过程相结合的工艺过程，如通过化学和生物处理法处理的污泥可以焚烧。

焚烧炉使用高温在有空气条件下燃烧废物固体。燃烧后残留物的处理是一个问题，因为它们主要是水溶性盐。

四、联合处理

化学生物联合处理法在处理洗毛废水方面的应用相当普遍。然而，处理的废水仍不符合目前许多严格的排放规定的要求。

因为漂洗废水中可溶性固体含量较低，工厂普遍使用这种处理方法来回收重复利用的漂洗水。然而，由于存在可溶性盐，处理过的水不适合再用于洗涤。

引进多级处理系统，使用高效蒸发器与焚烧处理相结合，降低了以前处理强流和洗毛水时的高运行成本。采用这种联合方式，处理后的水不适合重复使用，因为残留的蒸汽挥发性物质会导致洗净毛出现气味，但是这个问题可以通过生物处理来缓解，之后再用于洗毛生产线。

五、污泥的处理

所有洗毛废水的处理过程都会产生多种类型的污泥，如图9-2所示。生物处理产生的污泥约含2%的固体，典型的无机化学混凝处理洗毛液产生的污泥含10%~20%的固体。

在处理这些污泥之前，需要浓缩污泥，尽量减少水分，增加固体含量，以下方法可以做到这一点。

（1）厌氧消化。生物污泥热处理常用的方法。

（2）化学调节。高性能高分子絮凝剂发展的热门方法。

可以根据污泥的分类，将污泥置于固体处理设备，如倾倒池；也可以选择焚烧堆肥处理。

图9-2 洗毛废水产生的污泥

六、羊毛脂、羊汗和肥料

只要存在足够的羊毛脂能为堆肥过程提供燃料，在堆肥时混合各种其他材料（如锯末和绿色废物）堆肥的效率会大大提高，因为羊毛脂的热值与燃料油相似。巴氏杀菌所需的温度（大于55℃）能够确保堆肥材料中的任何病原体和杂草种子被破坏，且这个温度很容易达到。

自引进Sirolan CF污水处理器以来，污泥中会含有很高比例的羊毛脂。重要的是，在堆肥过程的嗜热阶段，应该尽可能多地分解这种脂质残留物。在堆肥过程的嗜热阶段结束后，将堆肥继续放置几周，之后可以进行简单的植物毒性试验，以确定这种材料是否适合用作植物生长的肥料。

羊汗中钾含量较高，如果使用得当，可以用作肥料。

第三节 影响废水处理方法选择的因素

选择洗毛废水处理的方法时，受很多因素的影响，如工厂位置、工厂类型、工厂规模、成本、排放法规、污泥处理、下水道安装及市场压力等。

一、工厂位置

（1）乡村。农村土地可用于废水处理，但没有可以排放废水的下水道。即使在农村地区，环境排放法规也不允许将废液直接排放到地面上。

（2）郊区。距离城市中心比较近，有可以排放污水的下水道，但土地的类型可能限制污水排放。

（3）城市。有可以排放污水的下水道，但土地的可用性受到严格限制。

二、工厂类型

一般涉及洗毛的工厂，可以分为三种类型：仅仅可以洗毛的工厂、洗毛和毛条制造的工厂以及全能型的工厂。前两类工厂只排放洗毛线上所产生的污水，而第三类全能型工厂除了排放洗毛废水外，还排放包括染色和后整理所产生的废水，增加了污染负荷。

由于洗毛废水与染色、后整理产生的废水是相当不同的，最好的做法是将洗毛废水分离出来，单独处理，最好在与其他废水混合前，去除洗毛废水中的羊毛脂和污垢。

三、工厂规模

一个工厂规模的大小将决定其废水处理的方法，因为处理的洗毛废水的成本会随规模的增大而增加。在全能型工厂中，洗净羊毛的产量比委托加工厂的产量要小得多，废水处理的高成本要由公司承担。

四、成本

在选择废水处理方法时，经济性是一个重要的决定因素。此外，污水处理厂安装设备的成本、废水处理的运行费用（包括维护费用）、污泥处理的成本、排放到下水道的成本都会影响废水处理方法。

市场驱动因素和下水道排放法律规定决定废水处理装置的类型和安装，即使会降低经济效益，也必须按照法规进行安装。

五、排放法规

处理过的废水排放到环境的要求取决于把它排放到什么地方，例如，根据 Victoria 复用方案，从污水处理厂排放到沿海水域的最低标准是生化需氧量 20mg/L，悬浮固体 30mg/L。

六、污泥的利用

污泥处理成本约占污水处理厂成本的50%，研发污泥的利用价值具有重要意义。对于污泥至少存在两种应用，第一，污泥可与绿色废物堆肥和渣（植物物质）产生宝贵的肥料；第二，如果固体含量足够高，一些污泥可以用作熔炉的燃料。

七、下水道安装

影响污泥处理和排放选择的另一个关键因素是下水道的排放。利用当地的下水道排放处理后的废水时，至少要考虑以下四个因素。

（1）禁用物质。包括纤维物质，可导致堵塞的东西和任何自由或浮动的脂肪或油脂。这类物质存在的可能性很小，除非有较差的洗毛流程。

（2）排放的限制范围。政府对下水道排放液体的接受标准，因地区而异。

（3）工业废水的费用。工业废水收费由相关水务局征收，并应反映处理废水的成本，以满足当地政府对环境排放的限制，合法的处理和排放污水污泥，并维持下水道网络。

（4）未来趋势。随着环境许可条件的严格化和自身成本的增加，水务部门倾向于提高接受标准，增加工业废水的收费，这种趋势将继续下去，如现在对溶解固体的排放有更多的要求。

八、市场压力

市场压力是影响羊毛加工企业选择的另一个因素。

欧盟生态标签是市场鼓励羊毛加工企业采用更环保方法的一个很好的例子，它建立了一个反映消费者关注的生态标签奖励计划的系统。该计划的履行是自愿的，是以市场为基础的计划，有两个目标：一是推广对环境影响较低的消费品，二是让消费者更了解产品或服务的环保证书。

一批生态标签也对污水设置了限制，如通用有机纺织品规格 GOTS 和蓝色标志。

九、最佳操作方法

最佳的操作方法不仅适用于洗毛生产线洗毛用水的配置，也适用于选择废水处理的方法，抑或是搭配使用不同的废水处理方法。

1. 洗毛生产线

尽量减少用水量，因为水在生活用品里变得越来越贵，并且洗毛加工过程要求使用高质量的水以生产高质量的产品。尽量减少水的消耗，而不损害产品质量，从而达到质量和能源使用的均衡。通过调节洗毛生产线用水的模式，并通过加工过程处理水的再循环来实现这一平衡。

同时污染物回收循环生产线的性能必须进行优化，尽可能使污物浓缩，从而降低废水处理的成本。此外，不排放无控制的水，无控制的水不仅损失了可收回的羊毛脂，而且表明一条洗毛线是失控的。最重要的是，洗毛的废水应该分开进行处理，因为不同的洗毛废水具有不同的性质，且要求采用不同的处理方法。

2. 废水处理线

将废水处理线和洗毛线联合，将回收处理过的废水重新在洗毛中利用，是高效系统的一个重要特征。这种方法可以减少水的用量，并且提高生产效率和提高产品质量。这种方法也可确保对洗毛线排放水的控制。

废水处理系统的模块化意味着洗毛厂可以根据工厂的环境选择合适的洗毛技术，如果情况发生变化（如水的成本增加），可以安装其他模块，以满足新的环保要求。

3. 生物法

如果杂质中含有羊毛脂时，不可以使用生物法，羊毛脂的存在增加了污水处理厂的负荷、操作成本以及污泥处理成本。

重要知识点总结

1. 洗毛废水主要由强水流、漂洗水流以及除羊汗槽排出的水流组成。

2. 洗毛废水相关的环境问题主要体现在：产生的有机负荷、悬浮固体、农药残留、洗涤剂、盐浓度、生物降解性。

3. 洗毛废水处理的方法有：生物处理法、化学处理法、物理处理法以及联合处理法。

4. 影响洗毛废水处理方法选择的因素主要是：工厂位置、工厂类型、工厂规模、成本、排放法规、污泥处理以及下水道安装等。

练习

1. 在洗毛过程中一般能够回收多少羊毛脂？

2. 洗毛过程中废水的哪一部分会导致环境问题？

3. 用什么方法处理洗毛废水？试举例说明。

4. 哪些因素决定了废水处理的类型？

5. 为什么一些工厂处理洗毛废水时，要将除羊汗槽和漂洗槽的废水分开处理？

6. 哪种洗涤剂因为环境问题而不再使用？

第十章 洗毛过程中的工艺控制

学习目标

1. 了解工艺控制的重要性。

2. 理解不同工艺控制的特点。

3. 掌握工艺控制的类型。

洗毛过程中的工艺控制包括洗毛前处理、洗毛加工线、污物回收、羊毛脂回收、烘干、洗毛后处理和废水处理等工序的工艺控制。随着社会的发展，人们对面料质量的要求越来越高。要想获得高质量产品，必须严格对各个工艺过程进行控制。随着科技的发展，工艺控制也通过计算机实现了自动化。

第一节 概述

一、工艺控制的重要性

通过对工艺的控制及资源的高效利用来提高加工过程的经济效率，更好地控制产品质量，并保持质量水平一致的产品。自动过程控制比人工过程控制更安全。通过可编程逻辑控制器（PLC）和计算机系统操作的自动过程控制能够监控资源使用和操作者实践的趋势剖面图。例如，在某些转变中增加洗涤剂和用水量可以明显地呈现。

二、工艺控制的类型

洗毛工艺有很多不同的工艺控制类型。

（1）手动调节机器，如重力圆盘式离心机、开机设置。

（2）手动控制的工艺，如槽中的温度控制。

（3）自动化工艺控制不提供反馈，如流量泵的控制。

（4）自动化工艺控制并提供反馈，这是洗毛过程中关键工艺控制的基础。

三、工艺控制器的类型

控制器是在特定的时间、负载和设备能力范围内控制材料的能量或流量的装置。控制器有很多不同的类型，最常见的是开关控制器和比例—积分—微分（PID）控制器。

1. 开关控制器

开关控制器是最简单的控制器形式，信号是"开"或"关"。例如，控制漏斗中羊毛的高度时，如果高度太低，开关就会打开，如果高度太高，开关就会关闭。传感器可以是自动式或手动式，但是手动式会存在很多潜在的人为错误。

这种类型的控制器可以用来控制一个槽的温度。由于设定点与实际温度的差异控制系统可能有问题。例如，如果槽的温度太低，启动时需要很长时间才能达到所需的温度。这时PID控制器就会发挥作用。

2. PID 控制器

PID控制器有比例—积分—微分三种操作类型。

（1）比例。当控制器输出与控制器误差的大小成比例时发生，例如，在槽和设定点之间温度差为一倍，控制器输出加倍。

（2）积分。当控制器输出与控制器误差大小和误差持续时间成比例时发生。如果相差超过给定的时间，控制器可以采取行动来抵消这个问题。

（3）微分。微分反对变化，因此可以用来稳定过程。它经常被添加到控制过程中，预期和纠正滞后，并避免过冲和过载。

第二节　洗毛前处理中的工艺控制

洗毛前处理过程采用三个主要控制系统控制进料口的开松、生产速度和均匀度。

一、称重带

称重带记录一个单元羊毛的传输量。通过将称重带的信号传递给控制器，计算出羊毛喂入速率，并与它的设定点进行比较。如果喂入速率与设定点不匹配，电动机会接收到信号并控制喂料口前的斜板加速或减速。这是羊毛洗毛线控制的最重要的因素之一。

二、进料斗中羊毛量

如果在称重带前进料斗中羊毛量太多，则料斗的性能取决于喂入速度、喂入速度的均匀度和开松的均匀度。一个简单的传感器的关闭控制器可以用来检测进料斗的羊毛是否太多。

三、开毛辊转速

控制独立的开毛线的开毛辊转速取决于待开毛的类型和需要开松的程度。对于开毛数量，反馈控制是必需的。将羊毛喂入洗毛流程中的速度会影响开松的设置和速度，因此反馈控制在这个过程中也是必需的。

第三节　洗毛加工线的工艺控制

洗毛加工线需要控制以下工艺参数。

一、槽的温度

控制槽温的最佳方法是使用 PLC 自动温度控制系统控制室内温度。控制器的类型取决于所使用的加热方式。

二、洗涤剂的加入速度

最好的做法是使用计量泵向洗涤槽中添加精确量的洗涤剂，并监测洗涤剂消耗，这对于优化洗涤剂用量很重要。

三、液体回流

最简单有效的控制方法是将侧槽的浮阀与下一个槽的循环网连接。

四、水位

控制槽内的水位非常关键。如果水位线太低，将增加缠结的可能性。水位通常由手动调节。

五、速度

频率控制器可以使所有机器的速度按照所需速度调节。具有以下优点：调整洗毛加工线，使羊毛洗涤均匀，搅拌程度和纠缠量实现最小化。

第四节　污物回收的工艺控制

在污物回收过程中，控制系统取决于正在使用的设备。

一、排放槽

在现代洗毛加工线中，刀闸阀控制槽底排料斗的排放。最好的做法是排放到收集管中，而不是直接排水。如果是较长和较频繁的排放情况，排放到多料斗第一仓，促进排料斗内液体积流动以减少堵塞发生的可能性。一个多料斗槽无论在何时都允许开一个阀门。定时器在排料斗底部控制排放阀。回收装置的速率随排放槽的速率变化。

二、沉淀池

污泥可以使用定时器或间歇装置进行周期性排放，并检测污泥的积累和操作排放阀。沉降槽也可以控制污泥排放。

三、水力旋流器

直径约 100mm 的水力旋流器用于保护主离心机，为了减少每次排放的体积，应将底部排料斗设置为周期性排放，这需要由定时器控制。比起其他排放系统，水力旋流器不需要任何控制系统。孔的侵蚀会影响水力旋流器的排出率，所以需监测底流的体积以防止不必要的液体损失。

第五节　羊毛脂回收的工艺控制

羊毛脂回收工艺控制是一个自动过程控制和手动变化的机器设置。

一、进料到主离心机

对于任何配置的总喂入都可以由 PID 控制器控制。多槽脱水，定时器定时启动独立槽的阀门以保证槽内液体流动。确保离心液回到原来的槽中。必要时打开回流阀用偏移的时间补偿洗毛液流量。

二、进料温度

在一些工厂中，需要提高进料温度以提高除羊毛脂效率。可以通过一个两阶段喂料的热交换器提高进料温度。

第一阶段，喂料由主要的离心机中心加热；第二阶段，喂料由热水或蒸汽进一步加热。第二阶段的能源需求应低。

三、机器设置

在主离心机中需要进行不同的控制，以分离乳脂和污物。

1. 乳脂

乳脂可以通过三种方式控制。

（1）改变喂入速度以增加固体含量。

（2）改变重力盘（手动拆卸离心机）。

（3）在可行的情况下，手动调整背部压力阀的分离流。

2. 污泥

喷嘴的排出量由喷嘴的直径控制。逐渐的侵蚀增大了喷嘴的直径，因此污物流动多。现代机器有传感器警告时应当及时更换喷嘴。

四、其他离心机

二级和三级离心机的控制没有重大问题，因为机器设置不需要经常更换。

其他控制因素包括：用于洗涤乳液和乳脂储罐的水的温度（由简单的温度控制器控制）和洗涤用的洗涤水的体积（由于体积小而需手动控制的）。

第六节　烘干、洗毛后处理和废水处理的工艺控制

一、烘干的工艺控制

现代化的洗毛生产线装有回潮测量系统，该系统位于干燥器出口处。回潮测量系统用于控制烘干机的性能，使羊毛带有所需的含水量，获得最佳效果。

DRYCOM 水分测试仪是在澳大利亚羊毛洗毛过程中最常用的测量与控制系统。该控制器接收干燥器的湿球温度、干球温度和干羊毛含水率的信息后，经过微处理器然后调整排气挡板设置，通过观察能量供应和在干燥器中区域之间的热量分布，从而进行烘干工艺控制。

二、洗毛后处理的工艺控制

洗毛后处理中的工艺控制主要包括以下几点。

1. 除尘

除尘器可以自动控制速度和手动调节屏幕设置。除尘工艺控制通常不是关键，但如果用洗粗羊毛系统加工细羊毛，可能造成过量的纤维损伤。

2. 化学添加剂

润滑剂和抗静电剂可以通过计量泵添加。

3. 打包

羊毛包装成包是手工或半自动操作。在一个手动系统中，羊毛被放入包中并压实，直到达到所要求的包装重量。在半自动系统中，固定重量的羊毛被自动打成包，这些材料被手工放置在打包设备上。

三、废水处理的工艺控制

废水的排放是洗毛废水系统中唯一需要控制的流程。实际排放可以手动或自动控制。最好的实践方法是采用自动排放。因为在洗毛过程中不可控的排放已经超过总排放量的 50%。在某些情况下，排放温度需要降低，最好的方法是采用热交换或者向洗毛槽加水。传感器可以持续记录温度、流速及最终排放液的 pH，并可以持续监测并以图形的结果显示。

第七节　安装传感器及流程控制器

一、安装传感器

传感器的安装位置需考虑以下三个主要因素。

（1）它应该安装在正确执行任务的地方。

（2）它不应该安装在被污染而会失去功能的位置。

（3）它应安装在可以接触到的地方。

二、安装过程控制器

定位过程控制器有以下三个因素要考虑。

（1）它需要一个干净的、稳定的环境，如空调控制室。

（2）必须位于操作人员易于操作的位置。

（3）其访问可能需要限制未经授权的人。

前两个因素之间可能有冲突，因为有些过程的控制控制器的位置需要更接近生产过程，因此需要达成妥协。例如，操作工需要能够启动或停止在槽内的机械元件，在洗毛生产线操作比在控制室操作更容易。

第八节　数据管理及工艺控制存在的问题

一、数据管理

多年来，一些比较好的洗毛生产厂用图表记录测量数据的特定部分，如生产速率、温度和水流速度。这个数据被用来监测洗毛生产线的性能。

20 世纪 70 年代，模拟面板被引入，用来显示洗毛生产线基本流程图，并表示各个电气元件的状态。称重带、喂入速度、烘干机设置、槽的温度和定时器控制被纳入面板，通过简单的控制器进行一些过程控制。现代洗毛生产线是建立在计算机控制基础上，计算机图形已取代模拟面板。

计算机可以储存和激活不同类型羊毛的洗毛工艺，包括生产速度、开松速度、槽的温度、耙的速度、添加剂和用水模式。当系统中的元件没有反应或不受操作系统控制时，将会对操作者发出警告信号。数据管理还能审核洗毛生产线的性能，发现洗毛加工造成羊毛品质不好的原因。

二、与过程控制相关的常见问题

1. 称重带

称重带是洗毛生产线实践操作的核心，因此它需每周至少清洗和调整一次。

2. 槽的温度

传感器被一些材料污染，槽内的温度传感器可能会受到影响。

3. 烘干机

如果烘干机没有维护和校准，可能会出现以下一些问题。

（1）羊毛不能烘干到预期的水平，导致后续处理产生问题。例如，工人认为的回潮率定值和实际值是不同的。

（2）由于排气系统堵塞，羊毛可能无法充分干燥。

（3）羊毛可能过度干燥，导致能源浪费。

4. 羊毛脂回收

主离心机必须完成一个非常困难的液体处理过程，将固液进行分离。如果不进行定期维护，离心机的性能将恶化，并且必须进行非常昂贵的维修。

5. 污物回收

水力旋流器很容易被羊毛纤维和较大的灰尘颗粒堵塞。定期维护和清洁可以缓解这种状况。

重要知识点总结

1. 工艺控制包括洗毛前处理、洗毛加工线、污物回收、羊毛脂回收、烘干、洗毛后处理和废水处理等。

2. 现代洗毛加工线通过计算机进行工艺控制，计算机可以储存并激活不同类型羊毛的洗毛工艺。

3. 工艺控制存在的问题包括称重带、槽的温度、烘干机、羊毛脂回收及污物回收。

练习

1. 有哪些工艺控制的类型运用到洗毛过程中？

2. 传感器应该位于哪里进行自动化处理？

3. 哪些过程控制器被用于现代洗毛生产线？举例说明。

4. 什么类型的控制器可以使用，哪种更有用？举例说明。

5. 干燥器中使用的过程控制器放置在什么位置？

第十一章　产品的质量控制

学习目标

1. 了解质量控制对产品质量的影响。

2. 掌握质量控制分析的方法和不同质量控制问题的解决方法。

3. 掌握质量控制的原则。

4. 学会衡量、测量、分析、解决洗毛过程中出现的问题。

在洗毛过程中，对产品进行质量控制是非常重要的，原因如下。

（1）可以从有效的洗毛中获得及时有效的信息。

（2）提供质量更好且更加一致的产品。

（3）及时排除洗毛过程中的故障。

（4）使产品满足某种质量标准。

（5）避免生产力损失。

（6）避免资金损失。

第一节　质量控制的原则

一、测量的意义

期望的结果是获得让客户满足的产品规格。以下四种类型的质量控制在洗毛加工过程中是需要考虑的。

（1）洗毛产品的质量。没有质量监控的洗毛厂不能够确保生产出让客户满意的产品。

（2）直接影响洗毛质量的工艺控制。现在大多数洗毛工艺都是通过计算机控制的，但是如果计算机的参数设置不正确或者没有经过校正，将会生产出劣质产品。

（3）间接影响洗毛质量的工艺控制。例如，洗毛废水处理厂的加工过程不会直接影响产品质量，但是会影响工厂的经济效益。

（4）工艺开发。有时洗毛厂会更改洗涤剂类型或安装新的设备，并且质量控制程序可以用来确定如何改变工艺参数从而提高产品质量。

二、测量的数据

通过消费者确定对质量性能的要求。

（1）在洗毛加工过程中需要的典型测量参数：产量、含水量、残留的溶剂可萃取物、颜色灰分以及萃取物。

（2）洗毛废水需要测量的典型参数：温度、悬浮固体、有机负荷、油、氮、磷、硫化物（一般以硫酸的形式存在）。

（3）羊毛脂回收需要测量的典型参数：含水量、pH、颜色。

三、取样

原毛中纤维长度差异性很大，同一张套毛上羊毛纤维的物理性能有很大的离散性，如羊毛的细度、长度、草杂含量都不同。

农场将套毛装包时，可能会掺杂有其他类型的毛，这使得原毛品质出现变数，在混毛时，这种变数可能影响取样检测的效果。

质量控制的一个重要前提是获得真正具有代表性和无偏差的小随机样本。一个较差的样品所提供的结果所具有的价值很小。

取样方法的选择取决于样品材料的性质、样品材料的尺寸、测试数据及数据的精确度。

下面是洗毛过程中的取样方法。

1. 原毛的取样

有时需要在工厂加工过程中对原毛取样，必需的样本大小约 0.5kg，然后均匀分为 16 个区域进行抓取。被测试的子样品是在各个区域经过均匀抓取后得到的混合样品中再次抓取获得的，然后将子样品混合起来进行性能测试。

2. 洗净毛的取样

这个过程中需要两种类型的取样，一种是洗毛线上每一个洗毛槽出口的取样，另一种是在洗净毛烘干机出口的随机取样。

（1）洗毛槽出口的取样。在中间传输机上至少取样 200g，确保不是在传输带的边缘上抓取样品。样品取样使用原毛取样的程序。

（2）洗净毛烘干机出口的取样。如果有可能，羊毛应该在烘干机的宽度上取样。至少需要 200g 干样品，样品取样结合之前使用原毛取样的程序。

3. 液体的取样

所有的液体都应取样，使用 50~100mL 配有长柄的不锈钢烧杯。

（1）洗毛溶液。如果洗毛槽有侧槽，应该在侧槽里取洗毛溶液的样品。否则应从槽水位控制器的溢流堰取样。

（2）洗毛污水的排放。这些污水可能来自槽排液流和污物回收装置中主离心机的排放以及由杂质回收系统排放。

（3）洗毛废水的处理。洗毛过程中的水流是逆流的。污水处理厂的水流取决于使用的处理方法，取得的样品是液体（输入或输出）或半固体（污泥）。

4. 羊毛脂回收的取样

通常取样测试是对于每个离心机所回收的羊毛脂的颜色、pH、含水量的测试。

四、测试数据的方法

通常用于分析质量问题的方法与以下领域相关：原毛、洗净毛、羊毛脂和洗毛废水。

1. 原毛

原毛样品含的水分和杂质，杂质包括：羊毛脂、羊汗、灰尘、植物性草杂。杂质的水平取决于萃取和量化的水平。

水分的测试取决于原毛样品在烘干前后称取的重量。

羊毛脂采用溶剂萃取法进行测试，值得注意的是，在此项测试之前，必须保证羊毛表面的杂质已经基本被去除。

羊汗的测试即羊汗在原毛上的含量，利用水溶性物质对纤维进行萃取，获得羊汗的浓度。

在实验室中，用洗涤剂和水清洗羊毛样品，测量去除污垢所造成的重量损失，即为原毛上的颗粒固体（灰尘）重量。

将洗净的羊毛样品溶解于浓氢氧化钠（NaOH）中，将残留的纤维从液体中过滤出来，将溶液中剩余的物质进行称重，所得的重量为植物性草杂的重量。

2. 洗净毛

洗净毛测残余污染物的测定一般包括溶剂萃取物、水溶物、可洗去的固体杂质、灰分、羊毛清洁干重和颜色。

用溶剂和水分别提取有代表性的洗净毛样品，得到溶剂萃取残渣和水溶性残渣。

将羊毛样品重新洗净，用实验室洗涤程序确定干净的羊毛和可清洗的固体含量。

在 730℃ 下对被检羊毛的三分之一样品燃烧，测定羊毛的灰分含量。

洗毛操作的运行效率可以通过测量洗净毛残余杂质的水平进行客观评价。

3. 羊毛脂

水分含量、pH 和色泽使用相关方法测定。

4. 洗毛废水

代表性样品的废水要根据政府的有关排放要求进行处理。排放法规通常会规定使用的分析方法。政府也常在自己的实验室里进行取样分析。

第二节　质量测试标准

一、洗净毛和炭化毛测试

对洗净毛和炭化毛进行测试是很有必要的，主要对以下五个指标进行测试。

（1）回潮率（含水率）。经洗涤和炭化后的羊毛，大部分杂质已经被除去，此时测试羊毛的回潮率（含水率）较为准确。

（2）非羊毛残留量。测定纤维上的非羊毛残留量。

（3）纤维直径。

（4）颜色。羊毛颜色可以作为评判洗净毛或炭化毛清洁度和黄化程度的指标。

（5）洗净度。使用溶剂可萃取物或颜色作为测量指标来确定洗净度。

纤维直径测试方法很多，可以采用含脂羊毛纤维直径测试方法，但洗净毛和炭化毛不需要预洗涤，除非纤维本身的颜色需要被测量。

IWTO 法可以用来指导测试的取样、测试洗净毛和炭化毛的重量损失和烘干质量（也称为发货质量、传送质量）。

二、发货质量测试

1. 发货质量（IWTO-33）

发货质量的测试过程相对简单。首先确定羊毛货物的总质量，然后对货物进行核心取样（>500g），并确定样品的质量，称量并在105℃下烘干样品，确定水分含量，最后根据样品的平均水分含量确定批次的发货质量。

2. 发货质量（IWTO-41）——电容测试法

这种方法采用了电容测试系统，主要是测试羊毛的回潮率。传送带上面的每个毛包都会被测试。这种方法必须由 IWTO-33 进行校准，实验室误差值不得超过 0.152%。

3. Malcam 微波法（DTM-63）

利用羊毛与水对微波吸附的差异来测量毛包回潮率。Malcam's MMA-2020 系统如图 11-1 所示，经常用于毛包回潮率的测试。这种方法需要由 IWTO-33 进行校准，校准系统对羊毛的包装形式很敏感。Malcam 声称该系统可以在线测量毛包回潮率。

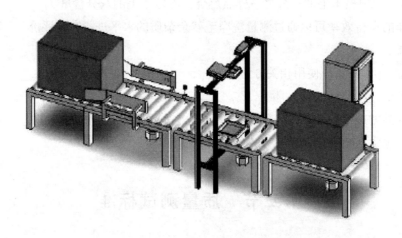

图 11-1　Malcam's MMA-2020 系统

三、残留脂肪性物质测试

洗毛或炭化后，羊毛表面可能还残留着微量的物质，如羊毛脂、羊汗、污垢、非羊毛蛋白质、粪便和尿液、洗涤剂、作为助剂或水调节剂的盐类等。这些物质会影响羊毛的后道加工工序。很多方法可以用来测试洗净羊毛表面的残留物含量，常见的方法有 IWTO-10、DTM-61、DTM-43。

1. 二氯甲烷萃取法（IWTO-10）

二氯甲烷用来萃取羊毛上的羊毛脂、其他脂类物质和多种洗涤剂。这种测试方法广泛应用于洗毛工序质量控制，确保洗毛和漂洗的效率和质量。

Soxhlet 提取法在 105℃ 下烘干羊毛，然后至少虹吸 10 次，持续 90min 以上。萃取物在 106℃ 环境下使溶剂蒸发，将剩余物质称重。

这类方法经常用作洗净毛、炭化毛和精梳毛条残留脂类物质的测试。

2. 石油醚萃取法（DTM-61）

二氯甲烷可能影响测试者的身体健康，考虑到安全性，常用石油醚代替二氯甲烷，但是必须时刻关注石油醚溶液的高易染性。

这类方法可以用作毛纱和混纺纱（织物）残留脂类物质的测试。

3. 近红外光谱（NIR）法（DTM-43）

这类方法需用二氯甲烷萃取法进行回归技术校准，可以用作洗净毛和粗纱条残留脂类物质的测定。

四、梳理后纤维长度测试

含脂原毛的长度可以用短纤维长度测量方法测量，纤维长度也可以在毛条阶段进行测量，但是洗净毛的纤维长度很难被测量。单纤维长度测量可以用 WTO-DTM05 进行测量，但是需要大量的人力，数据主观性强，不建议用来测洗净毛。

新西兰提出一种"梳理后纤维长度"测试，用来测量洗净羊毛中纤维的长度。洗净毛和干燥的羊毛样品中添加一种标准化的梳理润滑剂，使润滑剂均匀分布在羊毛表面后，将样品在实验室梳片仪上梳理，得到的条子要经过三次针梳。条子中的纤维长度用 Almeter 进行测量。

需要注意的是，"梳理后纤维长度"并不是 IWTO 测试方法，而只是在新西兰应用的一种测试方法，该试验对纤维在洗毛过程中的缠结有一定的评价价值，这种缠结可减少梳理后纤维的长度。有关抽样检验和再检验的规定已在新西兰公布。

第三节 数据分析

一、数据的测量频率

数据测量的时间和频率直接影响测试数据的准确性，工艺员要根据生产流程和产品类型确定取样、数据测量的时间和频率。影响数据测量频率的因素很多，具体如下。

1. 测量参数

洗完的羊毛产量通常是一批成品被运出时确定的，但是对每批次成品进行回潮率的测量是很重要的，以确保产品具有合格的回潮率。

2. 参数的变化率

在普遍操作中，参数的变化率很低，然而，一个错误参数的影响可以很快地通过自身反映出来。

3. 参数对产品质量的影响

如果喂入传送带的校正不准确，由于不佳的校正和不固定的设定点，洗净毛的质量也会逐渐变差。

4. 加工规模

如果加工批次很小，则问题修正的时间也相当少；如果加工批次很大，虽然有时间修正问题，但很难确保末批加工质量与前批的相同。

5. 参数对顾客的重要性

如果颜色是顾客非常关注的指标，应该频繁地测试洗净羊毛的质量。

6. 完成测试所需的时间

有的测试需要花费数小时或更长的时间才能完成，而另一些测试则可快速完成但降低了准确性。

二、分析方法的选用

应尽量收集清晰准确的数据来指导洗毛工序，提高洗毛质量，而不是仅仅以收集数据为目的。收集到的数据对洗毛工艺有两种不同的指导作用，第一种是快速反应，能够及时检测到洗毛工艺的运行，并对其进行指导，这就要求有较快的分析方法；第二种是长期反应，对洗毛中普遍存在的数据及问题进行分析，并指导洗毛工艺。例如，用一种新的洗毛剂或用洗毛剂洗不同的羊毛时，首先应进行实验，并采集广泛而普遍的数据，从而制订洗毛工艺。

数据获得的一般步骤如下。

第一步，选择分析方法。国际毛纺织组织公布的标准方法（IWTO）在交易过程中公信度较高。但企业生产过程中发现快速反应机制可以实时改善洗毛效果，因此很多工厂都采用自己内部的方法。

第二步，决定使用的数据分析法或者是质量控制表。统计分析可以采用电子表格或软件进行。例如，监测毛条重量时，可在制条过程中制作一个质量控制图。

第三步，分析方法的选择受许多因素影响，包括分析的可用时间、精度要求水平、客户验收的方法。例如，残留溶剂萃取物，根据测试时间不同，分为两种方法：一种是索氏提取法，需要 3h 才能完成准确测量；另一种是基于 WIRA 的快速测试方法，结果不准确，只需要 30min 即能提供实时数据。

现代的洗毛数据大多由计算机和软件自动收集，并直接由计算机反映洗毛的效果和参数，如温度和洗毛液添加时间，这些参数与产品实际质量相互验证。另外，在洗涤一种羊毛时，计算机可以自动修正运行参数，实验参数可以协助判定这批羊毛的工艺与前批的工艺是否相同。

三、数据的分析

数据分析的基本原则是单一样本只能提供抽查，例如，灰分分析可以提供该样品的灰分含量，但它不能反映其他产品质量。当然，如果有足够的样本，产品相关的所有质量信息可以根据产品性质采用多种方式，逐一检测得到。

在洗毛质量控制方面，主要涉及两个概念：平均值和变化值。变化值又包括标准差、变异系数、误差线和主要区别。

四、分析的程序

质量控制分析的通用程序如下。

1. 洗毛线

目的是分析污染物去除的模式（通常不作为洗毛工序的标准）。

研究试验中，洗涤羊毛种类的变化、新型洗毛剂的研发，都会促使工厂探讨在每个洗毛槽洗涤后羊毛上污染物洗涤的水平。

2. 洗净毛

分析洗净毛的目的是分析洗净毛的质量和洗毛过程中的工艺性能。将根据客户的要求，对参数测量。如果在洗净毛上出现质量问题，可能需要监测洗毛过程。

3. 洗毛液

目的是分析杂质的去除模式并通过对洗毛槽中洗毛液的测定来评价洗毛性能。

4. 羊毛脂的回收

通过测定以下三个指标来评定羊毛脂回收装置的性能：奶油状羊毛脂的成分、离心机回收羊毛脂的效率和喷嘴流量的组成。通过测定以下两个因素评定污垢回收设备的性能：去除污垢的效率、下溢和溢出阶段之间的分开。

分析回收羊毛脂的质量，是因为顾客经常对羊毛脂的含水量、灰分、pH 和颜色提出要求。

5. 污水处理

目的是监测洗毛污水处理厂的性能。如果污水处理系统不能正常工作，最终污水排放可能不符合标准，从而造成资源浪费。

五、安全因素

在洗毛实验室使用的化学品是危险的，在任何时候都应使用适当的处理技术。具体信息应来源于化学品供应商或其他详细说明。一般情况下，所有有机溶剂都应在通风橱内使用，在处理有机溶剂和腐蚀剂时，应始终穿戴防护用品，如护目镜、手套、实验室外套等。

重要知识点总结

1. 质量控制的一个重要前提是获得能够真正代表群体且非个例的随机样本。

2. 洗毛工艺各个方面的采样：原毛、净洗毛、洗毛液。

3. 质量控制分析的通用程序：洗毛线、净洗毛、洗毛液、羊毛脂回收和污水处理。

练习

1. 质量控制的关键要素是什么？

2.为什么洗毛厂需要质量保证程序？

3.在哪里进行洗净毛和污水的取样？

4.需要测定洗净毛的什么性能？

5.特殊的测定有哪些？

6.衡量洗净毛的标准是什么？

第二篇　染色

第十二章　染色简介

学习目标

1. 理解纺织品染色的目的。

2. 理解纺织品是如何染色的。

3. 了解与染色相关的纤维的物理性质、化学性质。

4. 掌握天然染料与合成染料的区别。

5. 理解染料与纤维类型之间的关系。

6. 理解纤维的化学性质与染座之间的关系。

7. 理解循环和亲和力的定义。

8. 掌握匀染性与迁移的重要性。

9. 掌握改善色牢度的方法。

第一节　染色的目的

为了获得成功且有效的染色，染色工作者必须做到以下几点：获得正确的颜色色光、满足客户对匀染性的要求、满足最终产品对纤维损伤和色牢度的要求、将成本控制在允许的范围内、按时完成染色过程且染色过程需要达到环保以及可持续生产的要求。

为了实现以上目标，通常需要控制以下参数。

（1）注意染色材质的类型，保证材质的一致性。注意纤维的不同，并不是所有的聚酰胺纤维、聚丙烯腈纤维、羊毛纤维都是相同的，因此，需要对材质进行充分了解并进行预处理、考虑纤维的直径及其他因素、注意化学处理的特性、注意纤维的 pH 和混合成分。

（2）保证染料应用的一致性。注意染料中发色团的浓度、染料中水分的含量、染料的溶解和称重技术。

（3）保证过程控制的一致性。注意浴比（染色溶液与被染织物的比重）、染浴的 pH（酸性条件或碱性条件）、液体在设备中的循环、加热的温度和时间、升温速率、适当的助剂。

第二节　常见纤维的性质

目前，纤维的种类繁多，不同种类纤维的染色是不同的。纺织用纤维主要分成：天然纤维、再生纤维和合成纤维三类。

一、天然纤维

天然纤维主要分成：天然纤维素纤维和天然蛋白质纤维两大类。

1. 天然纤维素纤维

天然纤维素纤维主要包括棉、苎麻、亚麻、大麻等，这些纤维的化学组成类似，主要组成物质是纤维素（一种多聚糖），还有果胶、半纤维素、木质素、脂蜡质、水溶物、灰分等。但是不同的纤维素纤维在宏观结构方面存在差异，它们在化学组成和物理性质方面的差异主要取决于纤维在植物中的生长部位和它们本身的结构。亚麻纤维和棉纤维的形态结构如图 12-1 所示。

2. 天然蛋白质纤维

天然蛋白质纤维主要指动物的毛发（如羊毛、山羊绒等）及某些动物的分泌液（如蚕丝、蜘蛛丝等）。在动物的毛发中，主要物质是角蛋白，蛋白质大分子是由不同种类的氨基酸共聚而成，不同的动物毛发中含有不同种类的蛋白质，因此其结构成分之间存在较大的化学异质性。羊毛纤维的形态结构如图 12-2 所示。

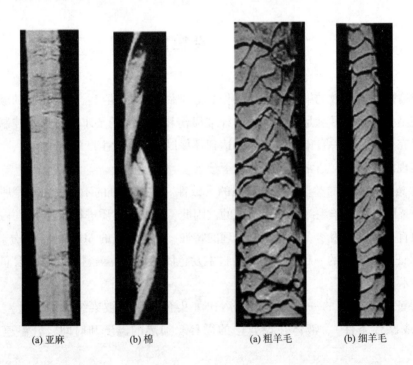

| (a) 亚麻 | (b) 棉 | (a) 粗羊毛 | (b) 细羊毛 |

图 12-1　亚麻纤维和棉纤维的形态结构　　**图 12-2　羊毛纤维的形态结构**

蚕丝纤维是蚕吐丝后得到的天然蛋白质纤维，是一种天然的长丝。蚕丝的形态结构和化学组成比动物毛发更简单。蚕丝纤维的蛋白质与动物毛发中的蛋白质是不同的，主要由丝素和丝胶两种蛋白质组成，此外，还有一些非蛋白质成分，如脂蜡物质、碳水化合物、色素和矿物质（灰分）等。蚕丝的化学性质与动物毛发也有很大的不同。

天然纤维中，除了蚕丝，其他纤维的纤维结构都具有较大的异质性。就蛋白质纤维而言，不同纤维的化学成分也有较大的异质性。

二、再生纤维与合成纤维

再生纤维与合成纤维的组分相对均匀，纤维内部的微观结构差异较小。

1. 再生纤维

再生纤维通常是由天然的高分子材料重新合成的，其制备过程为：用某些线性天然高分子化合物或其衍生物为原料，直接溶解于溶剂或制备成衍生物后溶解于溶剂生成纺丝溶液，之后再经纺丝加工制得的多种化学纤维的统称，主要包括再生纤维素纤维和再生蛋白质纤维。

再生纤维素纤维是以棉短绒、木材、甘蔗渣等天然纤维素为原料制成的纤维，主要成分是纤维素，化学性质与棉纤维类似，如黏胶纤维、天丝等。

再生蛋白质纤维是指以大豆、牛奶、花生等天然蛋白质为原料制成的、组成成分仍为蛋白质的纤维，如大豆纤维、酪素蛋白纤维、玉米蛋白纤维（如维卡拉 Vicara）、阿迪尔（Ardil）等，阿迪尔是由磨碎的坚果蛋白制成的再生纤维。

再生纤维的化学性质与对应的天然纤维的化学性质类似，但是物理结构有很大的差异。再生蛋白质纤维的结构和化学组成更加均匀。

2. 合成纤维

合成纤维是以煤、石油、一些农副产品等天然的低分子化合物为原料，制成单体后，经过化学聚合或缩聚成高聚物，然后再制成纺织纤维。

合成纤维中，用量较多的是聚酰胺纤维、聚酯纤维、聚丙烯腈纤维，这几种纤维是由小分子的原材料聚合而成的。不同类型纤维的化学性质不同，导致其染色性质有很大差异。

合成纤维的横截面一般为圆形，聚酯纤维的截面形态如图 12-3 所示，但合成纤维的横截面是可以人为控制的，近年来，开发了具有特殊截面形状的异形纤维，可用于特殊用途的纺织品中。

近几年来，用从玉米淀粉等天然产品中提取的化学物质为原料制成聚合物并形成纤维，这类纤维属于合成纤维，因为其聚合物的分子链是由化学物质再次合成的。

图 12-3　聚酯纤维的截面形态

第三节 染料简介

一、染料、颜料及纳米着色剂

纺织品的染色一般是指使纺织品获得一定牢度的颜色的加工过程。染料、颜料及纳米着色剂都能使纺织品着色，但是三者之间有一定的区别。

1. 纺织品着色剂分类

（1）染料。染料是色度高的、可溶于水（或可分散于水）的有色物质，能够渗透进入纺织品或其他物质上而赋予其颜色，但有一定的适用范围。既可以为纺织品着色，也可以为食品着色。

可用于纺织品染色的商业染料种类较多。纤维种类不同，需要使用的染料种类也不同，有些类型的染料可以染多种纤维。不同生产商生产的染料的性质不同，如色光、强力、牢度等性能存在差异。

（2）颜料。颜料是一种色牢度较高的、不溶于水的有色物质，可用于塑料、油漆和某些纺织品的着色，颜料颗粒可以分散在聚合物介质中使其具有颜色。通过颜料对纺织品进行着色通常也称为染色，但实际上这是术语的一种误用。当采用颜料对纺织品进行着色时，颜料通常是沉积在纤维的表面。

（3）纳米着色剂。一些小的纳米颗粒（如纳米银、纳米金）能够通过衍射光赋予纺织品色彩，可以用于棉纤维和羊毛纤维的染色。在纳米颗粒中没有发色团可以吸收颜色，而是通过对光的衍射赋予颜色的。

2. 纺织品着色方式

纺织品着色的方式有很多种。

（1）染色。染料分子渗透进入纤维中，理想的染色结果为染料分子均匀地分布在纤维中，如图 12-4 所示。

（2）颜料印花。将不溶于水的有色颜料颗粒应用于纺织品，颜料仅能沉积在纤维的表面覆盖纤维，不能进入到纤维内部，如图 12-5 所示。也可以用水溶性的染料对纺织品进行印花，将染料印花至纤维表面之后，需要对纤维进行后处理以确保染料分子能够进入纤维内部。

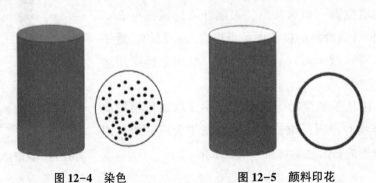

图 12-4 染色   图 12-5 颜料印花

（3）纳米着色剂着色。纳米着色剂（如纳米金、纳米银）本身没有颜色，可以通过酒精将其应用于纺织品或从纺织品上移除，与颜料类似，纳米着色剂也只能沉积于纤维的表面而不能进入纤维内部。

二、染料的种类

染料可用于棉、毛、丝、麻及化学纤维等的染色，但不同的纤维所用的染料也有所不同。染料可以分为天然染料和合成染料。

1. 天然染料

人类最早是将染料用于洞穴壁画中。在1856年之前所用的染料都是天然的，是从植物和动物体中提取的。中欧湖村的染色纺织品样本可追溯至公元前4000~公元前3000年，当时人们用从植物和水生动物中提取的蓝色、红色、淡紫色、黄色等染料对天然纤维进行染色。古埃及很早就开始使用天然染料，有证据表明，明矾被用作媒染剂以使天然染料能更加牢固地上染纺织品，当时人们便知道如果没有媒染剂则天然染料的色牢度较差。

天然染料多数是媒介染料，不能直接对纤维进行上染，染色时必须先用媒染剂（金属氧化物，如铝、铁、锡等）对纤维进行处理，才能使染料拥有不同的色泽和更高的牢度。用不同的媒染剂处理，染色产品的颜色不同，如从茜草中提取的茜素，用氧化铝作媒染剂，可使纺织物染成红色；用氧化铁作媒染剂，可染成紫色与黑色；用氧化铝和氧化铁混合媒染剂能得到各种棕色。由于天然染料的染色过程复杂、颜色鲜艳度差以及染色牢度差等原因，已很少用于纺织品的染色。但天然染料仍然在一些手工艺厂和一些小规模企业使用。

某些天然染料还具有特定的宗教或社会意义，如从海螺中提取的紫色。

2. 合成染料

合成染料又称人造染料，主要从煤焦油分馏出来（石油加工）经化学加工而成，习称煤焦油染料。又因合成染料在发展初期主要以苯胺为原料，故有时称为苯胺染料。合成染料按化学结构分为硝基、偶氮、蒽醌、靛族、芳甲烷等类。按应用方法分为酸性、碱性、直接、媒染、硫化、还原、冰染、分散、活性等类。

第一种合成染料是苯胺紫，是1856年英国科学家帕金最早发现的，在1857年正式投入生产，标志着合成染料工业的开端。自此之后，许多其他的合成染料随之迅速产生。合成染料与天然染料相比具有色泽鲜艳、色牢度高、可靠性和可再生性较好的优点，故目前以此种染料为主。应用于纺织品染色的染料种类较多，合成染料一般由两部分组成：一是发色团，可赋予染料颜色；二是剩余基团，可使染料溶解于或发散于基质中。染料与纤维之间的结合程度主要由亲和力决定。

目前已经开发了一系列合成染料可以适用于各种纤维的染色，主要有以下几种。

（1）阴离子型染料。发色团带负电荷。这类染料包括用于染纤维素纤维的直接染料、用于染蛋白质纤维和聚酰胺纤维的酸性染料（在酸性条件下染色）、用于染蛋白质纤维和聚酰胺纤维的金属络合染料。

（2）阳离子型染料。发色团带正电荷。在碱性条件下应用，又称为碱性染料，一般用于聚丙烯腈纤维的染色，染色后色彩鲜艳。

（3）活性染料。通常为阴离子型染料，但是染色时，染料分子与纤维的聚合物分子链之间会发生化学反应。不同类型的活性基团用于染不同的纤维，染棉纤维时通常用带有氯三嗪的活性染料，染羊毛纤维时通常用带有烯烃的活性染料。

（4）媒介染料。一般是小分子的阴离子染料，染色时染料分子与金属离子或纤维上的其他化合物发生络合反应。

（5）还原染料和硫化染料。这类染料在碱性溶液中可被还原成可溶性的，但是在空气中会被氧化成不溶性的。这类染料一般是通过吸尽法对纤维进行染色。主要有两种形式的还原染料，分别是从靛蓝和蒽醌中提取的。

（6）分散染料。染料分子在水中的溶解性有限，但是能够在水中分散，从而上染到纤维上。这类染料适用于现有的阴离子染料或阳离子染料不能上染的合成纤维的染色。

（7）新型染料。这类染料的发色团是在纤维上形成的，如偶氮染料、苯胺黑染料等，这些染料一般具有非常优异的湿牢度，但这些染料所用的原料有一定的毒性。苯胺黑染料染色时需要用盐酸，在酸性条件下与重铬酸钾发生氧化反应形成较大的染料分子，所形成的染料分子中含有深黑发色团。

三、染料的结构

1. 发色团

可以选择性地吸收可见光或近紫外线辐射的官能团，常见的发色团包括偶氮基、硝基、羰基、季铵盐等。在大多数染料和颜料中，发色团是扩展共轭体系的一部分，是电子的受体。

2. 助色团

一般是饱和官能团，一个原子上的非成键电子与一个共轭体系相连接，是电子的供体。助色团可以改变发色团的颜色和牢度。常见的助色团包括氨基、单烷基氨基、双烷基氨基、羟基、醚基等。

3. 可溶基团

可溶基团使染料具有水溶性。阴离子染料中最常见的可溶基团为磺酸基、羧基等；阳离子染料中最常见的可溶基团为取代铵基，如$-NH_2^+HCl^-$、$-NR_3^+Cl^-$；分散染料不溶于水但可以以足够小的粒子形式分散于水中，从而进入纤维中进行染色，这类染料分子中包含有极性基团（如羟基、氨基等）以促进染料的分散。

4. 不可溶组分

大部分染料分子中都含有不可溶组分，不会阻止染料的溶解，但是可以增加染料与基质之间的亲和力。

染料分子中由于可溶基团而产生的亲水性与由于不可溶组分而产生的疏水性之间的平衡会影响染料溶解的难易程度、染色速率、染料湿牢度。

5. 活性染料中的活性基团

某些类型的染料可以与纤维大分子反应形成化学键的交联，这类染料一般被称为活性染料，广泛应用于天然纤维的染色。染料分子中最常见的活性基团为三嗪类（如氯三嗪、二氯三嗪）、氟—嘧啶、活性乙烯基，如图 12-6 所示。

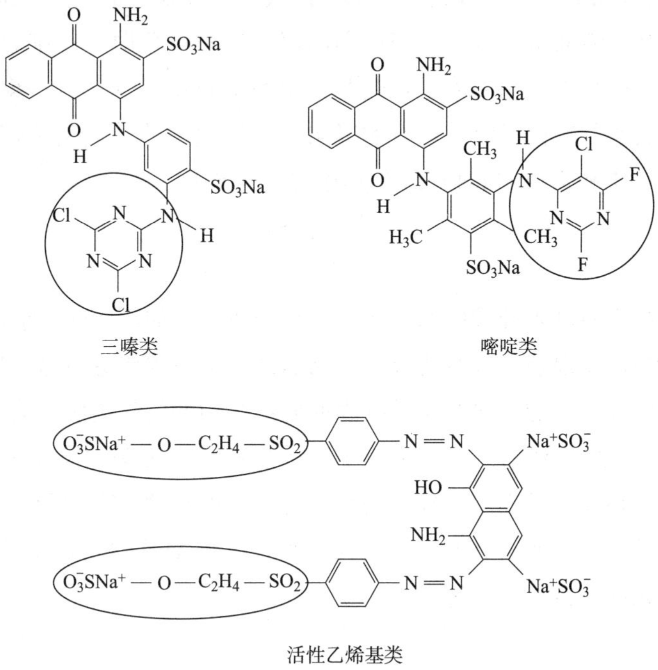

三嗪类　　　　　　　　　嘧啶类

活性乙烯基类

图 12-6　活性基团

第四节　染色过程

　　染色是将一种有色物质（染料）溶解于水中或分散于水中，使其转移到纺织纤维上以赋予纤维颜色的工艺，这种染色方法也称为浸染。染料从染浴中转移到纤维上的程度称为上染率。染色过程可分为扩散、吸附、渗透、迁移、固色，这些阶段都可以以不同的速率发生，不同的染料和不同的纤维其各个阶段的速率也不同。

一、扩散

　　在染色过程中，染料溶解于染浴中且能在纤维中均匀地循环。由于染料与纤维之间有一定的亲和力，染料分子会向纤维表面移动，这一过程称为扩散，如图 12-7 所示。在某些形式的染色中，如散纤维染色，染液是用泵压入纤维集合体中的；在某些形式的染色中，如织物染色和成衣染色，纺织品是在染液中移动的。为了使染料分子能够向所有纤维中均匀扩散，必须确保染液的循环是均匀的或纺织材料在染液中的分布是均匀的。

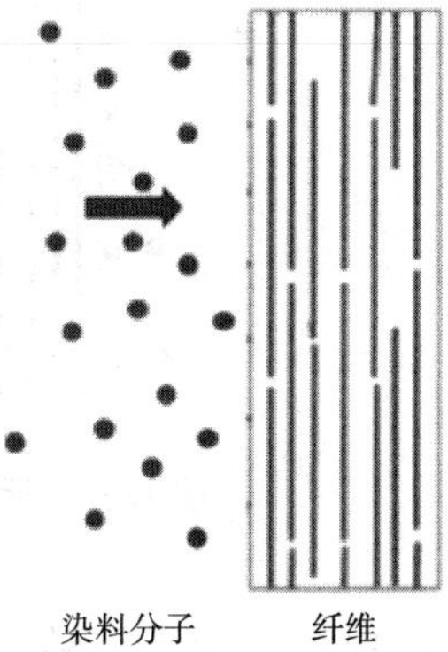

染料分子　　纤维

图 12-7　扩散

二、吸附

当纤维投入染浴以后，染料渐渐地由溶液扩散转移到纤维表面，这个过程称为吸附，如图 12-8 所示。纤维表面的任何不规则形态都会使其比表面积增加，并有助于染料的吸附。

在水中，许多纤维表面带负电荷，当使用阴离子染料染色时，纤维表面的负电荷会排斥阴离子染料分子，因此必须使用阳离子与这些负电荷进行中和。在这一染色阶段，一般会使用助剂中和纤维表面的负电荷以促进染料的吸附。可以使用的助剂包括带有阳离子的可溶性盐、酸（可以控制纤维和染浴的 pH）以及其他的商业产品。

三、渗透

染料分子从纤维表面进入纤维内部的运动，称为渗透，如图 12-9 所示。

许多类型的纤维表面很硬或者有比较高的结晶区，染料需要穿过这一区域进入纤维内部。有时将染料分子在纤维表面的吸附及从纤维表面向纤维内部的渗透统称为吸附。

纤维表面的孔洞有助于渗透。纤维大分子上的染座可以将染料分子从纤维表面吸引至纤维内部，这确保了染料在纤维表面内外之间有合适的浓度梯度，有利于染料的渗透。

个别的染料分子从表面低结晶区或者孔穴迁移，某些染色助剂可使纤维表面膨胀，产生更多的缝隙，从而允许染料分子通过。

四、迁移

染料分子在纤维内部的运动（扩散）称为迁移，如图 12-10 所示。在迁移过程中，染料扩散进入纤维内部的非晶区并与其中的染座相结合。如果染料分子较大或染色的温度较低，则迁移较慢而且染料分子容易与纤维分子中的第一个染座结合，从而抑制染料的进一步迁移，可能导致染色不匀。

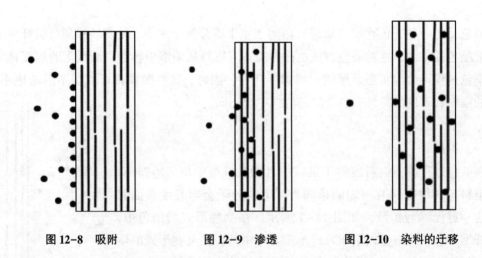

图 12-8　吸附　　　　　　图 12-9　渗透　　　　　图 12-10　染料的迁移

理想的情况是染料分子一直迁移，直至它们在纤维内均匀分布。小的染料分子比大的染料分子迁移的速度更快。不同的迁移效果如图 12-11 所示。较高的温度、较小的染料分子、纤维中存在大量的染座，这些都可以促进染料分子在纤维中的迁移。染色过程中升温过快、染料分散性差、染色时间不足、染浴中没有合适的助剂、纤维被油剂或其他杂质沾染，这些都可能造成染料在纤维中的迁移不均匀，从而导致染色不均匀。

(a) 均匀　　　(b) 不均匀　　　(c) 环染

图 12-11　不同的迁移效果

五、固色

染料与纤维大分子中的染座稳定结合或者以其他方式固定在纤维中的过程，称为固色。染料和纤维的种类不同，其结合方式也各不相同。

1. 固色工艺

固色可以通过以下工艺实现。

（1）染料分子附着在纤维的某个染座上，从而减少染料分子的进一步迁移。

（2）如果染料是活性染料，染料分子可以与纤维的适当染座进行反应形成共价键交联，从而避免染料分子的进一步迁移。

（3）染料分子与其他物质复合，形成大分子，从而避免进一步迁移。

（4）染料分子变成不溶于水的物质，如还原染料或硫化染料。

一般固色是染色的最后一个阶段，但是在实践中对于某些纤维还可能有后续的过程以提高固色性能。

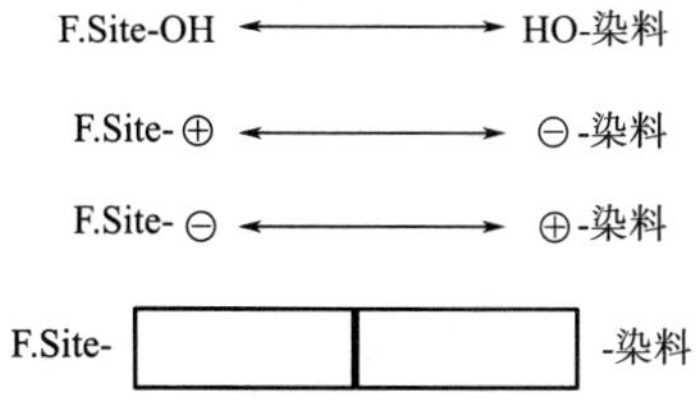

F.Site-OH ⟷ HO-染料

F.Site-⊕ ⟷ ⊖-染料

F.Site-⊖ ⟷ ⊕-染料

F.Site- ▭▭ -染料

图 12-12　固色点

2. 固色点

纺织纤维中存在很多"位置"（用 F. Site 表示）可以使染料分子固定下来，染料分子与纤维之间结合的点，称为固色点，如图 12-12 所示。不同纤维中所存在的固色点的数量、类型等也不相同。

纺织纤维中的固色点主要包括以下四类。

（1）极性点。可与染料中的极性基团形成交联，但这种交联作用比较弱，可以被水或其他有机溶剂破坏。

（2）离子点。可以与带相反电荷的染料分子相结合，作用相对比较弱，纤维中离子点的数量取决于纤维的 pH。

（3）非极性点。与染料分子中的非极性点相互作用，这种相互作用仅存在于湿纤维中。如果染料分子比较大且疏水性较强，则这种作用会较强。

（4）通过化学作用在纤维内部与聚合物链反应的点。染料分子中的活性基团可以与纤维大分子上合适的染座形成作用较强且稳定的共价键。这种共价键的强度比非极性键的强度高10 倍，比离子键的强度高 4 倍。

固色还可以通过在染料、纤维聚合物分子链以及另一种化合物（称为媒染剂）之间形成一系列复杂的络合作用而发生，络合作用是染料进入纤维之后发生的（如渗透阶段之后）。媒染剂通常是金属盐（如铬、铁、铝），也可以使用某些有机化合物。染料与媒染剂的络合物可以与纤维大分子中的极性点、离子点、非极性点相结合，媒染剂中的金属离子也可以与纤维中的亲电子染座（如氨基、羧基）形成缔合键（某种类型的共价键）。一般，络合物的尺寸比单独的染料分子的尺寸大得多。

固色也可以通过以下方式完成：染色完成后，染料发生反应使其不溶于水，从而形成固色。某些类型的染料，如还原染料、硫化染料，在碱和还原剂存在时是水溶性的，在此条件下可以对多种天然纤维和人造纤维进行染色，染色完成后，染料通过氧化作用而不溶于水并被固定在纤维中。这个过程可能与发色团颜色的变化相关。

在新型染料中，当染料中的组分相互反应形成纤维中的发色团时将产生固色。

上述这五个阶段在染色过程中往往是同时存在的，不能截然分开，只是在染色的某一段时间某个阶段占优势而已。

第五节　染色专业术语

染色中常用到的专业术语如下。

1. 循环

循环是指染液通过纤维集合体（纱线、织物等）的运动。

2. 吸附

吸附是指染料分子从水溶液中迁移到纤维表面的过程。

3. 渗透

渗透是指染料分子通过纤维表面的运动。

4. 迁移

迁移是指染料分子在纤维内部的运动。

5. 固色

固色是指染料分子与纤维大分子中的染座之间形成的稳定的相互作用，也可以指使染料分子在纤维中变成不溶性物质的过程。

6. 匀染性

匀染性是指染料在纤维中的均匀分布。

7. 直接性

直接性是指染料被纤维从染浴中吸附并保留在纤维中的能力。染料对某种纤维的直接性取决于染料分子中存在的特定化学基团、染料分子的形状及分子量。

8. 亲和力

亲和力是指纤维和染料间的吸引力。对于比较简单的染料而言，直接性和亲和力通常取决于分子的尺寸、带电荷的可溶性基团的数量。

9. 牢度

牢度是指纤维染色后，在正常使用和后期护理过程中，颜色不会发生变化的能力。如果染料的湿牢度较差，则染料在湿处理时会从纤维中出来并沾染至相邻的材料上；如果染料的耐光色牢度较差，则当染色后的物品暴露在阳光下时其颜色会改变。

10. 迁移、直接性和湿牢度的关系

（1）带有较强可溶性基团的小染料分子。染料和纤维之间的亲和力一般较低，此亲和力取决于染料和纤维之间的离子键。染料可以在纤维内迅速迁移，染色均匀性好；而洗涤时从纤维内部迅速迁移出来，耐洗牢度差。

（2）带有少量可溶性基团的大染料分子。疏水性较强，可以与纤维之间形成离子键作用，也因疏水性与纤维产生相互作用，因此亲和力强，在纤维内迁移慢，染色均匀性差；洗涤时从纤维内迁移出慢，耐洗牢度好。

理想的染料应该是：分子较小、在染色的初始阶段亲和力相对较低、但在固色阶段亲和力增加。活性染料可以达到这一要求，因为活性染料很容易迁移，并且可以与纤维大分子形成共价键，从而阻止其进一步迁移。

对于特殊类型的染料，也可以在染色时获得良好的迁移性、染色后获得优异的湿牢度，这是通过在染色过程完成后对染料进行改性实现的，染料可以完全迁移至纤维上。

（3）可溶—不溶染料。如还原染料、硫化染料，可溶时迁移进入纤维中，被氧化成不可溶物质时停止迁移，湿牢度好。酸性染料的染色过程与之类似，但是酸性染料在固色过程中会发生变化从而改变其性质。

（4）媒染染料。在染色工艺中染料分子很小，迁移很容易，染色均匀性好；在固色时可以通过媒染作用使染料分子变得较大，染料的迁移变慢，湿牢度好。

（5）活性染料。一般为较小的染料分子，迁移很容易，染色均匀性好；可与纤维中的亲电子基团发生反应形成共价键，从而阻止染料的进一步迁移，湿牢度好。

第六节　染色中水的作用

水是最常用的染色介质，其作用是溶解染料、分散染料、使纺织纤维膨胀。

染料是可溶于水中或可分散于水中的，根据染料的水溶性及其亲水—疏水平衡，水可以使染料分子的尺寸减小以使其更容易渗透进入纤维中。染色时，可以使用助剂增加染料的可溶性或者使不溶于水的染料更好地分散于水中，并且使染料分子的尺寸较小，这类助剂如亨斯曼公司的 Albegal、诺华公司的 Lyogen。某些染料（如分散染料）的水溶性较差，可以使用表面活性剂使这些染料以小分子的形式分散于水中。对于亲水性纤维，如蛋白质纤维、纤维素纤维等，水可以使纤维膨胀，从而使染料分子更容易进入纤维内部。

染色时也可以采用有机溶剂溶解染料，但是对亲水性纤维的染色效率较低，因为有机溶剂不能使纤维膨胀。有机溶剂染色时使用的很少，因为其成本高且有机溶剂带有一定的毒性。有机溶剂和水的混合物可以更有效地使天然纤维膨胀，但这种方法的使用同样受到溶剂成本和毒性的限制。

某些合成纤维还可以使用超临界或液态二氧化碳进行染色。

重要知识点总结

1. 纺织品染色：纤维的化学性质，染料与纤维间的相互作用。

2. 天然纤维与合成纤维的区别、天然染料与合成染料的区别。

3. 目前常用的染料包括阴离子型染料、阳离子型染料、活性染料、媒介染料、硫化还原染料、分散染料以及新型染料。

4. 染色过程：扩散、吸附、渗透、迁移、固色。

5. 掌握以下术语的定义：染座、循环、亲和力、匀染性、迁移性、直接性、固色、湿牢度。

练习

1. 成功染色的要求是什么？

2. 简述纺织纤维的染色过程。

3. 在纺织纤维中有哪些类型的染座？

4. 什么是染料的亲和力？

5. 什么是染料的牢度？通常需要测试染料的哪些牢度？

6. 为什么水的质量对羊毛染色有很大的影响？

第十三章 与染色相关的羊毛纤维的结构和性质

学习目标

1. 理解羊毛纤维的结构以及羊毛角蛋白的化学性质对羊毛染色的影响。
2. 掌握羊毛染色的各个阶段与其结构和化学性质之间的关系。

第一节 羊毛纤维的结构

羊毛纤维的结构非常复杂，为了更好地理解羊毛纤维的结构对染色的影响，可以使用一个简化的模型来表征羊毛的结构，这一模型是 20 世纪 80 年代由 CSIRO 发明的，称为砖和砂浆模型，如图 13-1 所示。

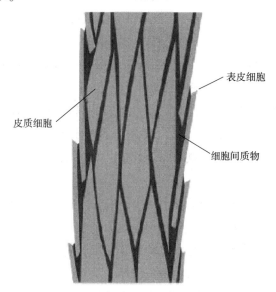

图 13-1 砖和砂浆模型

这个模型中包含三部分：纺锤形的皮质细胞（砖）、细胞间质物（砂浆，将皮质细胞黏合起来）、表皮细胞或鳞片（瓦，位于纤维的表面）。

第二节 羊毛纤维的化学性质

一、羊毛大分子的组成

羊毛的蛋白质分子是复杂的共聚物，如图 13-2 所示。羊毛纤维的结构不是类似于合成纤维的化学同质的，不同的结构有不同的化学成分，这意味着每一种结构的羊毛纤维在不同的化学环境中的反应是不同的。羊毛纤维的化学成分受纤维种类和纤维生长环境的影响。

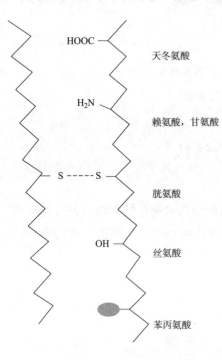

图 13-2　羊毛的分子结构

如图 13-2 所示，聚合物分子链上的酰胺键（也称肽键）本质上是极性的，可以与相邻聚合物分子链上的极性基团以及可吸附的水分子产生相互作用。

羊毛纤维由大约 97% 的蛋白质和 2%～3% 的脂质层组成，在羊毛中有超过 170 种不同的蛋白质，这些蛋白质是由自然界中 18 种氨基酸组合而成的。对染色过程有影响的氨基酸主要包括：半胱氨酸、胱氨酸、丝氨酸、苏氨酸、天冬氨酸、谷氨酸、赖氨酸、组氨酸、精氨酸、苯丙氨酸。

半胱氨酸中含有硫的侧基，可以与其他的半胱氨酸的侧基形成二硫键，由二硫键交联形成的氨基酸称为胱氨酸。

丝氨酸和苏氨酸含有羟基（—OH），羟基是极性的，可以与其他的极性分子（如水）相结合。所有带有极性侧基的氨基酸都具有亲水性，可以作为吸收水分的场所。

天冬氨酸和谷氨酸中含有羧基（—COOH），在较高的 pH 条件下，可以电离成纤维中带负电荷的染座。

赖氨酸、组氨酸和精氨酸中含有氨基（—NH₂），在较低的 pH 条件下，可以电离成纤维中带正电荷的染座。

苯丙氨酸中含有非极性的苯环侧基。羊毛中还有其他的氨基酸上含有非极性的侧基。

虽然羊毛中大部分的蛋白质是角蛋白，但是也有非角质蛋白存在，含量很少但也是羊毛纤维的重要组成部分。非角质蛋白不是由二硫键连接的，它是细胞间质物（CMC）的重要组成部分，与角蛋白相反，非角质蛋白很容易被破坏。

羊毛纤维中还含有 2%～3% 的脂质层，集中存在于纤维细胞间质物区域和纤维的表面。脂质层对羊毛的染色、整理和使用都至关重要。

二、羊毛中的离子基团

羊毛中的离子基团在染色中是非常重要的，原因如下：相邻的蛋白质分子链上带相反电荷的基团（如 NH_3^+ 与 COO^-）可以形成盐式键交联，这种交联可以减少羊毛蛋白质的损伤和膨胀，从而使羊毛蛋白质具有较好的稳定性。而且带电荷的基团也是纤维中的染座。

纤维中离子基团的浓度随 pH 的变化而变化，如图 13-3 所示。当 pH 较低时（酸性条件下），氨基会电离成带正电荷的氨基离子（—NH_3^+），且其浓度较高，而带负电荷的羧基离子（—COO^-）浓度很低；当 pH 较高时（碱性条件下），羧基会电离成带负电荷的羧基离子，而且其浓度较高，而带正电荷的氨基离子浓度很低。当染浴的 pH 与羊毛纤维在等电点时的 pH（约为 4.5）大致相同时，带正电荷的氨基离子和带负电荷的羧基离子的总量达到最大，所形成的盐式键的数量最多。

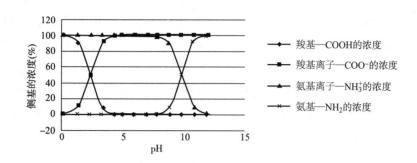

图 13-3　不同 pH 时各基团的浓度

　　由于所用的染料和染色设备不同，羊毛染色时所用的 pH 一般为 2~7。酸性基团的 pKa 值约为 3.9，因此，当采用 pH 为 2 的染浴对纤维进行染色时，此基团是不能电离的；相反，碱性基团的 pKa 值约为 10，因此，当采用 pH 为 2~7 的染浴对纤维进行染色时，此基团是可以电离的。

第三节　羊毛染色的各阶段与其结构及性质的关系

　　与其他纤维的染色过程相同，羊毛纤维的染色过程可以分为扩散、吸附、渗透、迁移和固色五个阶段。

一、扩散阶段
　　染色机可以使其中的染液产生循环，从而确保与纤维接触的染料的浓度在纤维集合体的各个部分是均匀的。良好的循环能够确保所有纤维均等地被染液包围。
　　羊毛可以以不同的形式进行染色，如散纤维染色、毛条染色、纱线染色、织物染色、成衣染色。不同的染色方式染液的循环方式是不同的。
　　（1）散纤维染色和毛条染色。羊毛纤维集合体是静止的，染液是运动的，染液用泵压入纤维集合体中。
　　（2）绞纱染色。染液在染色机中是循环运动的，在某些染色机中纱线也是运动的。
　　（3）筒子纱染色。纱筒是静止的，染液是运动的，染液用泵压入纱筒中。
　　（4）织物绳状染色。可以有多种选择，织物运动或染液运动，在某些染色机中织物和染液都是运动的，在某些染色机上通过染液的喷射以助于扩散。
　　（5）织物经轴染色。织物是静止的，染液用泵压入织物中。
　　（6）织物卷染。织物在静止的染液中循环运动。

（7）成衣染色。成衣在染液中循环运动。

二、吸附阶段

羊毛染料尤其是分子量较大的染料，与羊毛纤维之间的亲和力大，因此可以迅速地吸附至纤维的表面。吸附的驱动力来自离子间相互作用的库仑力。pH 较低时，纤维表面附近有较多的氨基离子（—NH_3^+）从而使纤维表面带正电荷，此时需要降低染料的吸附速率以保证染色的均匀性。

对于亲和力较高的染料，染色时的 pH 需要保持在等电点时的 pH（pH 约为 4.5）以上以降低其吸附速率，使染料在纤维集合体中的分布更加均匀。盐或某些染色助剂（如表面活性剂）也可以降低染料的吸附速率。

三、渗透阶段

在羊毛染色过程中，羊毛纤维最外层的表皮层（鳞片层）是染料渗透的屏障。鳞片层包括 F 层、外表皮层、次表皮层 A（其中含有高度交联的蛋白质）、次表皮层 B、内表皮层。

染料可以通过以下两种途径渗透进纤维中。

（1）从相邻鳞片细胞的间隙中渗透进入纤维内部，如图 13-4 所示。

（2）从鳞片层细胞缓慢通过渗透进入纤维内部（跨细胞的渗透），但是这种渗透会受到 F 层、外表皮层、次表皮层 A 的阻碍，因为这些层在水中的膨胀很少。破坏鳞片层可以使跨细胞的渗透速度增加。

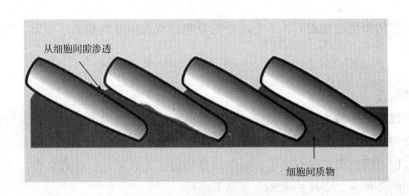

从细胞间隙渗透

细胞间质物

图 13-4　细胞间隙的渗透

四、迁移阶段

染料在纤维的迁移可分为两个阶段：通过细胞间质物；进入皮质细胞的角质区域。

羊毛纤维中的细胞间质物（CMC）是染料扩散的重要通道，尤其是在染色的初始阶段。细胞间质物由角蛋白、非角质蛋白和脂类物质组成，有人认为脂类物质会阻碍染料通过细胞间质物的迁移，但是染料通过细胞间质物的迁移速率仍然高于通过鳞片细胞的迁移速率。

染料通过细胞间质物迁移之后，然后迁移进入皮质细胞的角质的非结晶区域。一般认为纤维皮质细胞内的染座存在于结晶度较低的区域，染料的疏水性越强则其直接性（染料被保留在纤维中的能力）越高。

五、固色阶段

羊毛大分子结构中含有染料分子可以吸附的一系列染座：极性基团、离子基团、非极性基团、亲核基团，不同的染座与染料分子的亲和力是不同的。羊毛纤维的固色是通过蛋白质分子链与染料之间离子基团和疏水基团的相互作用形成的。如果纤维中离子基团的平衡由于pH 的增加（如洗涤时 pH 为 9）而发生变化，则仅通过离子基团与纤维结合的染料具有较好的匀染性能，但很容易发生进一步的迁移（牢度较差）。纤维中的非极性基团可以通过疏水基团的相互作用与染料产生亲和力。

在染色的最后阶段，大部分的染料被保留在纤维的角蛋白中，因为存在于皮质细胞或细胞间质物的角蛋白区域比非角蛋白区域对染料的亲和力更高。

羊毛纤维中还含有很多亲核基团，这些基团可以与活性染料反应形成共价键，因此活性染料广泛用于对湿牢度要求较高的染色中。专门用于羊毛的染料是媒介染料，需要采用含铬盐来提高染料的牢度。对于磺化染料，染料的极性越高，其直接性越低，不同磺化染料的直接性排序为：四磺化染料>三磺化染料>二磺化染料>单磺化染料。

第四节　染料与羊毛蛋白质大分子的键合

一、羊毛用染料的类型

染料的种类很多，用于染羊毛的合成染料主要有以下四种。

1. 酸性染料

酸性染料属于阴离子型染料，广泛应用于羊毛的染色，其匀染性较好且具有中等的牢度。不同种类的酸性染料其分子量和可染颜色的范围也是不同的。酸性染料主要包括以下两种。

（1）酸性匀染染料。亲和力低。

（2）耐缩绒酸性染料。染色师协会（SDC）根据 pH 将耐缩绒酸性染料分成三类。类型 1 的亲和力中等；类型 2 的亲和力高；类型 3 的亲和力很高。

2. 媒介染料

采用媒介染色工艺，染色时需要借助铬盐或络合物作为媒染剂，媒染剂可以同时与染料分子和蛋白质分子链产生络合。但是铬是一种对环境有害的重金属。

3. 金属络合染料

金属络合染料属于阴离子型染料，但是其发色团是在染料制备时预形成的金属络合物（常用的金属是铬）。金属络合染料优异的牢度与媒介染料类似，但不需要媒染过程，应用比较简单。主要分为两种类型。

（1）1∶1型金属络合染料：金属离子与一种染料分子络合。

（2）1∶2型金属络合染料：金属离子与两种染料分子络合。

4. 活性染料

活性染料属于阴离子型染料，染料分子上具有亲电子活性基团（通常是活化的双键），可以与羊毛蛋白质分子中的亲核染座发生反应形成共价键。如兰纳洒脱染料中包含 1 个或 2 个溴—丙烯酰胺反应基团。

近年来，有些染料公司开始销售混合染料，这些染料可以在简单的条件下实现商业应用，如酸性缩绒染料与 1∶2 金属络合染料的混合染料。

二、不同染料与羊毛蛋白质大分子的键合

不同类型的染料与羊毛蛋白质分子的键合是不同的。

1. 酸性染料与羊毛蛋白质大分子的键合

分子量较小的酸性染料，其发色团带负电荷，主要与羊毛纤维中带正电荷的染座相结合，这些染料需要在较低的 pH 下进行染色以利于蛋白质大分子中氨基离子（—NH_3^+）的形成，如图 13-5 所示。

分子量较大的酸性染料既可以与羊毛纤维中带正电荷的染座相结合，也可以与羊毛中的非极性染座相结合（图 13-6），以阻止染料的进一步迁移。

图 13-5 分子量较小的酸性染料与
蛋白质大分子的键合

图 13-6 分子量较大的酸性染料与
蛋白质大分子的键合

2. 活性染料与羊毛蛋白质大分子的键合

活性染料可以与羊毛蛋白质大分子中的氨基侧基（—NH_2）及硫侧基（—SH）反应形成共价键（图 13-7），以阻止染料的继续迁移并使染料具有较高的湿牢度。

3. 媒介染料及金属络合染料与羊毛蛋白质大分子的键合

铬媒介染料及金属络合染料可以以多种形式与蛋白质大分子产生键合，如图 13-8 所示。

（1）与羊毛中的氨基离子（—NH_3^+）形成离子键。

（2）铬离子与蛋白质分子链上的亲核基团形成配位键。

（3）与蛋白质分子链上的非离子基团产生键合。

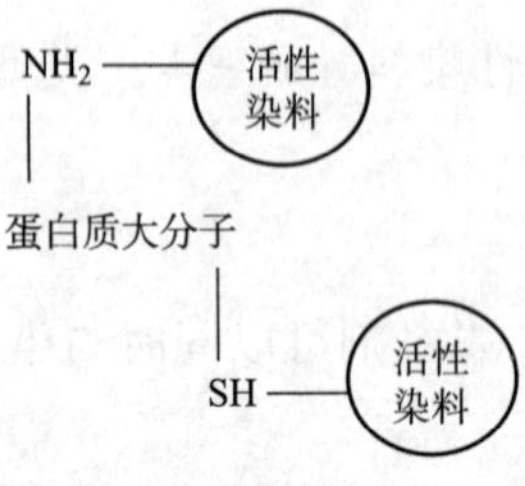

图 13-7 活性染料与羊毛
大分子间的键合

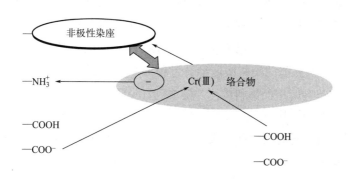

图 13-8　媒介染料与羊毛大分子间的键合

4. 其他染料与非蛋白质纤维的键合

其他种类的染料与非蛋白质纤维的键合与以上几种键合既有相同之处，也有不同之处。

分散染料具有较高的非极性，与羊毛纤维中非极性染座的键合作用比较弱，这类染料会沾染羊毛，但是作用力较弱，牢度较差。分散染料染聚酯纤维时，染色温度低于60℃时染料的迁移速率很慢，因此分散染料在常温下洗涤时不会从纤维中迁移出来。分散染料与聚酯纤维的键合如图 13-9 所示。

直接染料对纤维素纤维的亲和力较好，可以与纤维中的极性染座相结合，但是直接染料对羊毛纤维的亲和力较差。直接染料与纤维素纤维的键合如图 13-10 所示。

图 13-9　分散染料与聚酯纤维的键合　　　　图 13-10　直接染料与纤维素纤维的键合

活性染料可以与羊毛和纤维素纤维中的亲核基团发生反应，但是因为纤维素纤维和羊毛纤维中的亲核基团不同，羊毛纤维中的染座大部分是氨基，而纤维素纤维中的染座大部分是羟基，因此用于染羊毛纤维和纤维素纤维的活性染料也是不同的。

第五节　羊毛纤维的其他性质对染色的影响

一、纤维直径对染色的影响

用同等浓度的染料对细羊毛和粗羊毛染色后，细羊毛比粗羊毛的颜色更亮，这是光学效应而不是纤维上染率的影响，羊毛越细，表面积越大，对入射光线的散射和反射越多，获得的颜色越亮。但是为了获得特定的颜色，细羊毛必须使用更多的染料（染料的浓度更高）。

羊毛直径对颜色的影响取决于染色的深度，染料浓度的增加量是由染色过程中质量控制检查决定的。如果纤维直径的变化较小，可以应用以下经验规律增加染料的浓度：染料浓度的改变与纤维的表面积成正比。如已知直径为 21μm 的羊毛的染料配方及浓度，则相同配方的直径为 19μm 的羊毛所需要的染料浓度计算过程如下：

$$\frac{细羊毛所用的染料浓度}{粗羊毛所用的染料浓度}=\frac{粗羊毛直径的平方}{细羊毛直径的平方}=\frac{21^2}{19^2}=1.222$$

计算结果表明，用相同的染料配方染相同的颜色时，19μm 的羊毛纤维比 21μm 的羊毛纤维需要多用 20% 的染料。

二、毛根和毛尖对染色的影响

羊毛纤维需要在绵羊背上生长 8~12 个月，在生长的过程中羊毛纤维需要经历各种各样的气候变化，尤其会受到紫外线（如阳光）的照射。羊毛的尖端位于纤维的外部，其经受的紫外线照射和机械损伤比紧贴绵羊皮肤的纤维根部要大，这可以通过纤维的扫描电镜图片显现出来。毛根和毛尖的差异如图 13-11 所示。

由于气候因素和紫外线损伤引起的羊毛纤维的尖端与根部的差异，使得尖端与根部的染色性能不同，通常尖端要比根部染色深度深，但某些染料能够很好地覆盖这种差异。

图 13-11 毛根和毛尖

三、羊毛预处理对染色的影响

染色之前施加于纱线和织物上的预处理会对染色的结果造成影响。羊毛的许多预处理能够改变其染色行为，如洗毛、毛条防缩整理、纱线汽蒸的条件及圆锥外部的冷凝、织物定型（织物煮呢、不均匀的化学定型）、成衣工艺、防缩整理等。

洗毛的条件会影响染料的上染率。如果采用相同的染料配方对不同批次的洗净毛进行染色，染出来的颜色是不同的。

炭化会损伤纤维,且会改变纤维的 pH,从而影响上染率。

对毛条、纱线、织物或成衣进行防毡缩整理后,也会使羊毛纤维的染色性能发生变化。染色后再将已整理的羊毛和未整理的羊毛进行混合。

蒸纱会影响染料的亲和力。不同蒸纱批次的纱线染色后颜色会有差异,蒸汽冷凝或蒸汽不均匀会导致纱线染色和匹染时染色不均匀。

对织物进行预定型处理会改变羊毛纤维的上染率,所以不均匀的预定型会导致不均匀的染色。

成衣的湿加工工序,如洗呢、缩呢、防毡缩等,也会影响染料的上染率。

经过不同预处理的羊毛,在染色时应注意采用不同的染料和工艺,以确保最终的染色效果达到要求。

四、纤维 pH 对染色的影响

很多因素会影响羊毛纤维本身的 pH,如原毛的洗毛条件(中性或碱性);纱线、织物或成衣洗呢;缩呢助剂的性质;防缩工艺的性质。快速染色时如果采用 1∶2 金属络合染料、耐缩绒酸性染料、活性染料等,特别容易发生不均匀性和匹染差异性,成功的染色要求染色过程中的 pH 是一致的,因此在染色前需要对每一批次的羊毛纤维进行 pH 测试。基于 IWTO-2-96 标准的羊毛 pH 的测试方法如下:称取 2g 羊毛置于 100mL 去离子水的锥形瓶中;摇晃 1h,用校准后的 pH 计测量 pH,如图 13-12 所示。

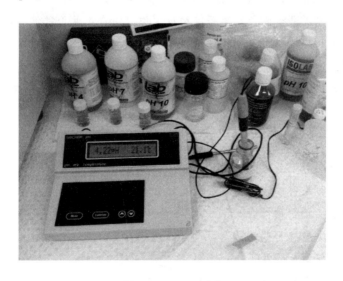

图 13-12 pH 测试

五、染色性能的测试

羊毛是一种天然纤维,因此不同批次的羊毛纤维之间的差异性较大,染色性能的差异会导致染色后颜色的差异超出误差范围。大多数染料配方预测软件都能考虑基质颜色的差异,只需要将未染色的样品置于分光光度计上测试即可。大多数现代软件系统可以根据标准基质自动调整染料配方以确保新材料染色色调的一致性，推荐的测试方法为 ISO 3071：2005。

检测羊毛基质的染色性能之前，首先需要使用标准程序对其进行必要的清洗，然后用标准配方（最好是三原色色度）对一个或多个样品进行染色，并测试其与标准基质之间的任何差异。许多配方预测系统可以自动实现这一功能。商业实践中的颜色和匀染性差异可允许的误差范围取决于消费者的需要、需要染色的产品以及需要染的颜色。

混纺产品染色性能的测试过程更加复杂。合成纤维染色性能的测试（一般是亲和力、饱和度）因纤维类型的不同而不同。当测试羊毛与合成纤维混纺产品的染色性能时，还需要考虑每种纤维所用的染料的交叉染色的问题。

化学处理，如漂白、防毡缩处理，也会影响羊毛混纺产品的染色性能，但是这些处理通常对用分散染料染羊毛/聚酯纤维混纺产品和用碱性染料染羊毛/聚丙烯腈纤维混纺产品的染色性能的影响较小，但是对用直接染料和活性染料染羊毛/纤维素纤维混纺产品的染色性能的影响较大。

重要知识点总结

1. 羊毛纤维有复杂的结构，不同区域的结构和化学性质不同。

2. 羊毛染色的阶段：染料分子扩散并进入纤维中（主要围绕表皮细胞）、通过细胞间质物在纤维中迁移、从皮质细胞的非角质区域渗透入角质区域（渗透是由纤维中的阳离子染座驱动的，这取决于染液的 pH）、与纤维中的染座进行固色。

3. 通过形成以下方式进行固色：离子键和疏水作用结合；共价键结合；与金属离子媒染；与蛋白质形成离子键和配位键以及亲水作用。

4. 纤维的种类、细度、施加于纤维上的预处理都会影响羊毛产品的上染率及染色深度。

5. 羊毛经过某些化学处理后，如洗毛、防毡缩处理等，其与染料之间的亲和力会发生显著变化。

练习

1. 哪些因素会影响羊毛纤维的吸附速率？

2. 羊毛纤维染色时染料渗透的两种类型是什么？

3. 染料迁移的最佳路径是什么？

4. 常见的染座的类型有哪些？

5. 活性染料是如何固色的？

6. 哪种氨基酸中含有非极性基团？

7. 哪种类型的羊毛用染料迁移最快？

8. 染料的哪一性质会决定其湿牢度？

9. 湿牢度差、摩擦牢度差、耐光牢度差的原因分别是什么？

第十四章　羊毛染色前的准备工作

学习目标

1. 理解为什么好的准备工作是染色成功的一半。
2. 掌握羊毛不同染色形式染色前准备的方法。
3. 理解如何使染色用水达到品质要求。
4. 了解羊毛化学处理前的准备工作。
5. 掌握羊毛漂白的基本原理及方法。
6. 理解漂白过程中白度与纤维损伤之间的平衡。

第一节　染色前准备工作的目的

羊毛染色前的准备工作与染色工序本身同等重要，好的准备工作是染色成功的一半。任何潜在的不匀都可能导致染料与纤维之间的亲和力不同，因此这些不匀需要在准备工作中尽量去除或者控制在较低水平。

羊毛染色前的准备方法有很多，采用哪种方法取决于羊毛纤维染色的形式，如散纤维、毛条、纱线、织物或成衣。

染色前准备工作的主要目的是确保染色成功（颜色合适且均匀），为了达到这一目的，需要做到以下三点。

（1）确保基质（如纤维、纱线、织物）的一致性，染料与纤维之间的亲和力没有显著不同。基质的来源和准备是保证基质一致性的前提；在染色前需要将所有的油、蜡质去除；同一批次羊毛的 pH 应该是一致的；在混纺产品中，不同混纺成分的直径可能有很大差异，所以混纺产品的准备工作需要适当，以使纤维直径的差异对颜色的影响降至最低，避免引起色差。羊毛纤维与其他纤维的混纺产品必须确保纤维混合得比较均匀，以确保最终产品没有色差。

（2）确保染料应用的一致性，包括染料的浓度、含水率、称量都应该一致。

（3）确保工艺控制的一致性，包括染色的时间—温度曲线、染液的浴比、染浴的 pH、液体的流量等。

第二节　染色中使用的水

一、染色用水的要求

水是纺织品染色和整理中用到的关键化学品，蒸汽是水的气态形式，蒸汽广泛用于染色工艺和整理工艺中。合适的水对于染色的成功至关重要。染色用水的要求见表 14-1。

表 14-1　染色用水的要求

参数	工艺用水	煮沸水
颜色—色度	2~5	—
pH	7.0~7.5	7.0~8.0
总硬度（mg/kg）	10~25	低于 1.0
相对于甲基橙的碱性（mg/kg）	35~65	—
铁（mg/kg）	0.02~0.10	小于 0.01
锰（mg/kg）	0.03	小于 0.01
总溶解固体物（mg/kg）	65~150	100
悬浮物	无	—

　　在任何加工过程中都必须避免产生悬浮物的固体颗粒或产品，因为这些悬浮物会沉积到纤维上而沾染纤维。水的硬度（钙盐或镁盐）会影响洗毛的效率，而且钙盐或镁盐会沉积到正在加工的材料上。某些加工过程会使水中存在重金属污染物，包括铜或其他金属。水中的过渡金属在媒介染料染色中会引起特殊问题，因为媒介染料会与这些金属离子反应生成复合物，而不会与媒染剂反应，从而产生不同的颜色。

　　二、水的来源

　　许多羊毛加工中心的位置是由适用水的可用性决定的，染色用水的测试及处理都取决于水的来源。不同供应商所提供的水的品质是不同的，现在许多公司从国家系统中取水；也有许多公司直接从地表或地下取水，这些水的品质随着季节的变化而变化。染色用水的来源主要有以下几类。

　　（1）地表水。如江河湖泊的水，水的质量取决于所使用的提纯技术。

　　（2）井水和泉水。水的硬度取决于区域。

　　（3）贮存水。收集到的雨水是软水。

　　（4）河水。水的硬度取决于区域及当地工业的范围。

　　（5）循环水。水的质量取决于来源、之前的用处以及使用的提纯技术。

　　这些水都必须进行处理后，才能用于羊毛的染色及整理加工中。

　　三、水处理的方法

　　改善染色用水品质的方法主要取决于水的来源、水本身的品质以及处理水可用的设备。水处理的方法主要有以下几种。

　　（1）过滤。可去除水中悬浮的固体，所有的地表水及循环水都必须过滤以去除其中的悬浮固体。

　　（2）添加石灰和苏打。这是一种古老的工艺，始用于 1841 年，这种方法可以使钙盐和镁盐沉淀，从而有效地降低水的硬度和总固体量。

（3）添加螯合剂。如乙二胺四乙酸（EDTA），可以与水中的钙离子、镁离子结合，广泛用于家用洗涤。但可能影响某些染料（含金属的染料）的染色，而且之前常用的螯合剂 EDTA 因为环境问题已被禁用。

（4）添加离子交换树脂。离子交换树脂可以捕获钙离子和镁离子，并用钠离子取代钙离子、镁离子，这种方法广泛应用于污水治理。

（5）反渗透。利用半渗透膜去除水中的可溶性固体。这种方法的成本比其他方法要高。

第三节　染色前的洗涤

一、洗涤的目的

所染的颜色不同，则染色前的准备工作也不同。通常，对于正常的色调，染色前需要对各种形式的羊毛（如毛条、纱线、坯布、成衣等）进行充分的洗涤。原因如下。

（1）毛条中含有的润滑剂、油剂会影响染色。

（2）羊毛纱线，尤其是粗纺纱线，在纺纱时为了使纺纱顺利需要加入油剂，这些油剂是用阴离子或非离子表面活性剂乳化形成的。

（3）羊毛机织物和针织物中含有蜡质以利于织造过程中的穿纱。现在用的润滑剂、纺纱油剂、织造助剂一般都是水溶性的，因此很容易去除。

洗涤时采用合成洗涤剂（对于散纤维，洗涤剂的浓度采用 $0.5 \sim 1 \mathrm{g/L}$，粗纺用羊毛所需要的浓度可能更高），pH 为 $7 \sim 8$，通常使用碳酸氢钠进行洗涤，时间为 $15 \sim 30 \mathrm{min}$，温度为 $50 \sim 60 ℃$；但是当需要白色或者亮色时，染色之前除了需要进行洗涤，还需要进行漂白，使原材料的白度增加。

对于洗涤后的羊毛或毛条，为了避免由于亲和力不同引起的染色不均匀，染色前必须对纤维进行充分混合，染色时选用合适的、迁移性良好的染料并使用助剂提高染料的匀染性。

二、洗涤后的测试

为了确保洗涤充分，在染色之前需要对洗涤后的羊毛进行测试，确保羊毛中残余的油脂含量低于 0.8%（owf），最好低于 0.5%（owf）。

通常采用两种方法测试羊毛中残余的油脂含量：一是索氏萃取法，一般是采用二氯甲烷进行萃取；二是维拉快速油脂提取法。这两种方法的原理都是采用二氯甲烷溶解羊毛上的残余油脂，将油脂与纤维分离，并称取萃取出的油脂重量。

1. 二氯甲烷萃取法

这种方法利用溶剂回流和虹吸原理，使固体物质每一次都能被纯的溶剂所萃取，所以萃取效率较高。萃取前应先将固体物质研磨细，以增加液体浸溶的面积。然后将固体物质放在滤纸套内，放置于萃取室中。如图 14-1 所示安装仪器。当溶剂加热沸腾后，蒸汽通过导气管上升，被冷凝为液体滴入提取器中。当液面超过虹吸管最高处时，即发生虹吸现象，溶液回流入烧瓶，因此可萃取出溶于溶剂的部分物质。利用溶剂回流和虹吸作用，使固体中的可溶物富集到烧瓶内。

图14-1　索氏萃取法

在索氏萃取法中需要用到有机溶剂，在羊毛测试中，经常用到的是二氯甲烷，但二氯甲烷有很大的毒性和污染性，因此在某些国家是禁用的。可以采用石油醚或丙酮替代二氯甲烷来提取油脂和蜡质，但这两种溶剂都是高度易燃的，所以使用时需要特别小心。

2. 维拉（WIRA）快速油脂提取法

维拉快速油脂提取器可以在15min内迅速测定油、油脂、润滑和纺丝油剂的含量，非常适合过程控制。而且测试仪器简单、紧凑、结实、高效，可以对纤维、纱线或织物进行测试，适用于所有的天然纤维和合成纤维。测试仪器如图14-2所示。

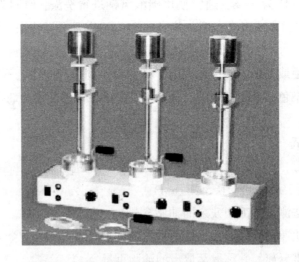

图14-2　维拉快速油脂提取器

维拉快速油脂提取法得到的结果与二氯甲烷萃取法的结果之间有相关性，如下式所示：

二氯甲烷萃取法的结果＝1.2×维拉快速油脂提取法的结果+0.35

该转换的有效性需要专业的操作人员使用特定的设备进行实验验证。

第四节　化学处理后的羊毛的染色前准备

一、炭化羊毛的染色前准备

炭化是利用硫酸对洗涤后的羊毛或织物进行处理，以去除其中残留的植物性杂质，并且需要在后续工序中去除炭化粉尘。炭化后的羊毛在染色前还需要进行进一步处理。

炭化后散羊毛和织物的 pH 均较低，这会影响染料的亲和力，因此，为了保证染色的效果，炭化后的羊毛在染色前必须进行彻底的中和。中和时一般用纯碱或氨水，也可以用氢氧化钠，氢氧化钠对 pH 的调节非常经济有效，但是用量过多会损伤羊毛，因此必须严格控制，氢氧化钠的用量取决于炭化后织物中的含酸量，一般用 1.0% 或更多。

炭化后的羊毛也可以直接用在较低 pH 下迁移性较好的染料进行染色。

炭化后的羊毛织物（主要是粗纺毛织物）都应该用传统的 1:1 金属络合染料进行染色，或在染色之前进行彻底中和。

二、防缩整理后的羊毛的染色前准备

防缩整理的原理是降低纤维间的摩擦效应而达到防缩的目的。

氯氧化法是常用的方法之一，其过程是将羊毛纤维浸在饱和的化学试剂氯水中，氯与鳞片外层发生化学反应，使鳞片被部分或全部地剥除或软化，从而降低羊毛的缩绒性能，达到防缩的目的。

利用高浓度活性氯加有机硅柔软剂还可获得柔软丝光效果，大大提高了羊毛的服用性能，使其手感更软、更滑，即使贴身穿着也无刺痒感。由于羊毛的防缩加工工序较为复杂，特别对化学反应深度的控制。因为化学试剂不仅对鳞片层有作用，如果反应过深也会导致羊毛主干——皮质层的破坏，使羊毛的性能恶化，因此，要使化学反应主要发生在鳞片部位并尽量少损伤羊毛皮质层是技术的难点。

三、漂白

羊毛纤维中含有有色物质而使其具有天然的奶白色，漂白可以去除纤维中的有色物质从而提高羊毛的白度。对于白色或亮色的羊毛产品，染色前一般需要经过漂白使原毛的颜色更白，羊毛越白所能染的颜色越亮。漂白对于染亮蓝色尤其重要，因为羊毛中的任何颜色都会影响蓝色的亮度。

羊毛的漂白主要有三种方法：还原漂白、氧化漂白、氧化漂白与还原漂白结合（两步法，先氧化后还原）。漂白后白度和黄度的变化见表 14-2，从表中可以看出，羊毛漂白后白度增加黄度减少，但羊毛的白度不如棉纤维和聚酯纤维的高。

还原漂白和氧化漂白过程都可能使羊毛纤维产生一定程度的损伤，因此必须在漂白过程中采取一定的措施以保护羊毛的可加工性能。哪种方法对羊毛漂白最合适取决于羊毛的初始

表 14-2　漂白后白度和黄度的变化

纤维	漂白方法	黄度指数	白度指数
羊毛	未漂白（原毛）	23.3	9.4
	过氧化氢漂白后	15.7	38
	两步法漂白后	13.4	45
棉	漂白后	5.2	73.4
聚酯纤维	—	4.7	73.4

颜色、所要求的白度、可接受的损伤程度，一般顾客要求白度达到其最大值，由于这个原因，漂白方法的选择主要取决于羊毛的初始颜色和纤维的损伤程度。

将羊毛置于阳光下也可以进行漂白，这一过程称为光致漂白，但置于阳光下的时间过长会使羊毛泛黄，称为光致泛黄。将羊毛长时间暴露在阳光下，羊毛会明显地变黄，而且湿羊毛泛黄得更快。

1. 羊毛的还原漂白

还原漂白分为分批间歇式和连续式。

（1）分批间歇式。可采用的漂白剂包括：连二亚硫酸钠（保险粉）2~5g/L 或其他的硫酸衍生物；甲醛合次硫酸氢钠、甲醛合次硫酸锌；硼氢酸钠/亚硫酸钠。

（2）连续式。大约 100% 带液率堆置，润湿剂 2~10g/L，Blankit DZ 20~150g/L，甲酸 10g/L，汽蒸（饱和蒸汽 102℃，10~30min），清洗。

还原漂白后，都需要用氢氧化钠进行冲洗以除去剩余的还原剂。

2. 羊毛的氧化漂白

对于羊毛纤维，使用最广泛的氧化漂白剂是过氧化氢（H_2O_2），其适用于很多不同的流程，如在酸性或碱性条件下的快速漂白、传统的浸渍漂白、连续漂白。也可以选择其他的氧化剂，但是这些氧化剂或是由过氧化氢制得的，或者比过氧化氢更贵。染黄色羊毛或者染被沾污的羊毛时，需要使用具有更强氧化活性的氧化剂。

（1）快速漂白。

①酸性条件。pH 为 5 左右，加入催化剂（2~6g/L）、润湿剂、过氧化氢（10~30mol/L、80℃、45~60min）。

②碱性条件。pH 为 8.5~9.0，加入稳定剂 Clarite WO（4g/L）、Invatex（1g/L）、过氧化氢（25mL/L、45℃、60min），最后清洗并用酸中和至 pH 为 5.5 左右。

（2）传统的浸渍漂白。加入稳定剂（4g/L）、润湿剂（1g/L）、过氧化氢（40~50℃循环，持续 8~16h），并充分水洗。

（3）氧化漂白的其他形式。

①连续式漂白。对散羊毛在最终的洗毛槽中进行漂白以增加羊毛的价值，销售漂白后的羊毛所获得的利润远高于漂白的成本。这种形式的漂白可以减少光致漂白的趋势，这对某些羊毛覆盖产品（如地毯、毛毯）是很重要的。对原毛进行漂白的缺点是羊毛的购买者可能不知道羊毛已经经过漂白，随后的加工过程中还对其进行进一步的漂白，这会导致纤维损伤过多。连续

式漂白时加入过氧化氢（10~35mL/L）、焦磷酸四钠、活化剂、甲酸（调节 pH 至 4.0~4.5）。

②冷轧堆法漂白。这种方法在技术上是可行的，但是现在很少采用，因为该方法所用的设备与连续染色或毛条印染用的设备是同一台，因此发生沾色的可能性很大。对毛条或绞纱用冷轧堆法漂白时，需要加入润湿剂（1g/L）、活化剂、过氧化氢（40~70g/L），放置 12~16h，然后漂洗、烘干，这在实践中是可行的，但速度太慢。

③Lanapad 漂白。利用射频能量对储存的漂白剂进行加热，从而将漂白剂的漂白时间缩短至 2h，但该方法已被停止使用。

3. 过氧化氢及其活化和稳定性

为了使过氧化氢在酸性条件下能够提供有效的漂白，过氧化氢必须先被活化。典型的活化剂包括柠檬酸等有机酸、酰胺类的酸的前驱体。常用于羊毛漂白的活化剂及其活化过程如图 14-3 所示。

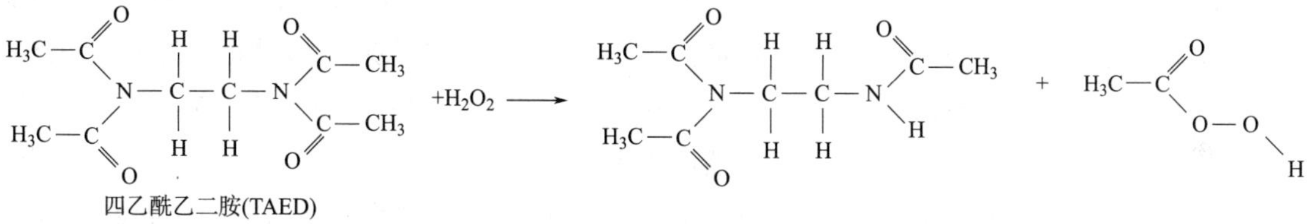

图 14-3　常用于羊毛漂白的
活化剂及其活化过程

对活化过程进行控制是非常重要的。若过氧化氢的断裂速度较快且不受控制，则会造成纤维的损伤增加以及漂白剂的浪费。

生产者所提供的过氧化氢是酸稳定的形式，所以其有效浓度能够维持较长的时间。金属离子在催化分解过氧化氢的过程中会形成高度活性的中间体，这会使纤维的损伤增加，因此，需要使用稳定剂以阻止金属离子催化分解过氧化氢并调节 pH 以维持最佳的活化 pH。在羊毛漂白过程中使用的典型的稳定剂包括：多磷酸盐、焦磷酸四钠、六元磷酸盐、有机稳定剂、硅酸盐以及这些物质的结合。

要获得最佳的白度并且使纤维的损伤最小，应在漂白过程中控制过氧化氢的活化和稳定之间的平衡。

4. 羊毛的先氧化再还原漂白

为了使纤维的损伤在可接受的范围内，即使采用最好的氧化漂白工艺，其增白的效果也是有限的。研究发现先采用氧化漂白然后再采用还原漂白，可以获得更高的白度并且对纤维的损伤少。

氧化漂白一般是先采用快速过氧化氢氧化的方法，然后采用传统的还原漂白方法。不同的漂白方法漂白后白度的对比结果如图 14-4 所示。

想要进一步增加羊毛的白度，可以在还原漂白阶段应用荧光剂，这种方法已在商业中使用。但是需要注意荧光增白剂会加速羊毛纤维的光致泛黄。

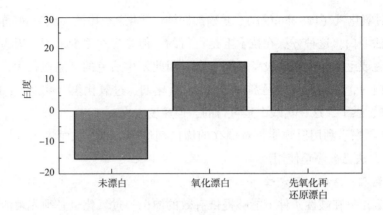

图14-4 不同方法漂白后白度对比

使用先氧化漂白再还原漂白对羊毛进行漂白的过程如下。

（1）氧化漂白。先对羊毛进行洗涤以去除残留的油剂，采用焦磷酸钠作为稳定剂，控制好时间和温度。常用的工艺及配方如下：加入 0.5~1g/L 羊毛煮练剂（如果必要的话）、1.5~2g/L 焦磷酸四钠、10~15mL/L 过氧化氢、采用 20：1 的浴比，在 55℃下进行 2~3h（减少纤维损伤）或者在 70℃下进行 45min~1h，然后进行水洗。

（2）还原漂白。选用比较稳定的还原剂，可以选择性地添加荧光增白剂，控制好温度和时间。常用的工艺及配方如下：加入 2~4g/L 稳定还原剂（如 Blankit IN）、在 pH 约为 9 的条件下加入 1~1.5g/L 苏打粉、采用 20：1 的浴比，在 60℃下进行 30min（减少纤维损伤）或者在 70℃下进行 30min，最终在染浴中进行水洗中和。中和时一般采用稀酸来降低 pH，也可以选择性地加入过氧化氢以去除剩余的还原剂。

图14-5 卡拉库尔大尾绵羊

5. 深色羊毛的漂白——媒介漂白

颜色较深的羊毛，如卡拉库尔大尾绵羊，如图 14-5 所示，或者一些在假发中用到的人类头发，可以使用媒介漂白方法进行漂白，用金属离子作为媒染剂。颜色较深的羊毛中所含的着色剂是黑色素，对这些颜色较深的纤维进行漂白时需要破坏黑色素结构，这是通过金属催化过氧化氢漂白完成的。

媒介漂白方法：首先用金属盐（通常用硫化亚铁）作为媒染剂对深色羊毛进行处理，亚铁离子可以与羊毛中的有色物质产生复合，在还原剂存在的条件下对纤维进行漂洗以去除过多的亚铁离子，然后用过氧化氢对羊毛进行漂白。在金属盐的催化作用下，过氧化氢可以在有色物质附近分解，并最终将有色物质破坏，从而完成漂白。

当羊毛被深色纤维沾染时，必须经过媒介漂白。媒介漂白方法只能用于含有天然色素的深色纤维的漂白，不能用于去除染色后纤维中的污染物。媒介漂白不适用于散纤维或毛条的漂白，因为购买品质较好的羊毛比媒介漂白工序的成本更低，媒介漂白更适合用于被污染的纱线、织物或针织品的漂白。

深色纤维媒介漂白的具体工艺及配方如下。

（1）媒染。将染浴温度设定在40℃，加入抗坏血酸（或异抗坏血酸）4.0~6.0g/L、硫酸亚铁3.0~6.0g/L，然后升温至90℃，运行30min。

（2）水洗。在80℃时水洗20min，加入抗坏血酸（或异抗坏血酸）0.5g/L，用冷水洗20min。

（3）漂白。加入焦磷酸四钠8.0g/L、35%的过氧化氢8.0~15.0mL/L，升温至70℃，运行30~60min，最后用水和醋酸洗至pH为5.0。

羊毛漂白的方法有很多种，具体选用哪种方法取决于羊毛的类型，见表14-3。

表14-3 羊毛漂白方法的选择

羊毛的类型	漂白方法
品质较好，颜色均匀的羊毛	氧化漂白或者氧化漂白与还原漂白相结合
颜色较差或被沾污的羊毛	氧化漂白与加强还原漂白相结合
颜色较深或含有深色纤维的羊毛	媒介漂白与氧化漂白相结合

6. 其他漂白方法

近几年，发展了多种新型漂白方法可加快漂白速度，并能改善白度与纤维损伤之间的平衡。

（1）生物漂白。利用蛋白酶对羊毛纤维进行预处理以加快漂白的速率，因为酶可以将羊毛纤维打开。

（2）催化剂漂白。使用金属离子媒染剂（如Fe^{2+}、Al^{3+}）或锰与三氮杂环壬烷的复合物改善深色羊毛的漂白效果。

（3）超声漂白。在传统的漂白方法中增加超声。

（4）加速光漂白。将羊毛纤维放置于光照下较短的时间，采用光照对羊毛进行漂白，但光照时间过长会使羊毛泛黄。方法为：在波长为380~600nm的光照下进行光漂白，通过使用碱性过氧化氢或还原性漂白剂可以加速光漂白的过程，但这一方法在商业上不适用。

（5）使用荧光增白剂。荧光增白剂可以用于改善很多纤维品种的白度，这些增白剂可以在340~380nm范围内被吸收，在400~450nm范围内被发射。但这种方法会加快羊毛光致变黄，尤其是湿羊毛。

7. 漂白效果和纤维损伤的测试

在漂白过程中，增白和纤维损伤之间的平衡是非常重要的。

纤维损伤可以通过测试羊毛在化学溶液中溶解程度的变化来反映，如基于标准IWTO DRAFT TM-4-2000的碱可溶性（氧化性）测试、基于标准IWTO DRAFT TM-11-99的尿素—亚硫酸氢盐可溶性测试等。也可以通过物理性测试来检测纤维的损伤，测试指标取决于纤维的形式（如散纤维、毛条等）。纤维漂白可测试单纤维强力、纤维束强力；纱线漂白可测试纱线的断裂强度和延展性、纱线与金属之间的摩擦力；织物漂白可测试其断裂强度、撕破强度（机织物）、顶破强度（针织物）、耐磨性。染色过程中，漂白产生的纤维损伤会进一步加重。

白度可以通过光谱进行测试，测试方法较多，其中最常用的两种测试是白度指数和泛黄指数的测试。泛黄指数（YI）是由反射率测试得到的三色值确定的，其计算式如下。白度指数的计算式有很多种。

标准 IWTO-56（2003）：

$$YI = Y - Z$$

标准 ASTM 313：

$$YI = \frac{aX - bZ}{Y}$$

式中：X 为红原色刺激量；Y 为绿原色刺激量；Z 为蓝原色刺激量；a，b 为常数。

重要知识点总结

1. 羊毛的来源和染色前的准备会影响染料的上染率和亲和力。

2. 大多数羊毛制品在染色前需要进行充分的洗涤，洗涤可以将羊毛中含有的污染物（油和蜡质等）减少至可接受的水平。

3. 经过化学处理的散毛或毛条必须混合均匀，以确保各部分的羊毛对染料的亲和力相近。而且混合均匀后需要选用合适的染料以确保匀染性，如用迁移性较好的染料或者添加匀染剂。

4. 任何进行炭化处理过的织物（主要指粗纺毛织物）都应该用传统的 1∶1 金属络合染料进行染色，或者在染色前进行完全中和。

5. 为了获得亮色，羊毛纤维需要进行漂白以获得一个好的基色。主要有三种类型的漂白：还原漂白、氧化漂白、先氧化漂白再还原漂白。

6. 自然着色的深色羊毛纤维可以在漂白之前先使用一种含铁的媒染剂。

7. 纤维在漂白过程中会受到损伤，这种损伤可能因为随后的染色工序而加重。纤维损伤的程度可以通过多种方法进行测试。

练习

1. 为什么好的准备工作是染色成功的一半？

2. 为什么水的质量对羊毛染色是非常重要的？

3. 羊毛染色前的准备工作一般用什么方法？

4. 用什么方法判断织物的准备工作是否做好？

5. 染色之前可能需要进行哪种化学处理？

6. 可以用什么方法对羊毛进行漂白？

7. 哪种预处理会对羊毛纤维造成损伤？

8. 可以采用哪些方法对羊毛的损伤进行测试？

第十五章　羊毛染料的选择及应用

学习目标

1. 理解羊毛染料在特定应用中的选择标准。

2. 了解羊毛染色过程中使用的助剂。

3. 理解每种染料的应用方法。

第一节　羊毛染色常用染料及其选择

一、羊毛染料的分类及其性质

1. 酸性染料

属于阴离子型染料，应用比较广泛，根据分子量和可染颜色的范围，一般可分为三种类型：酸性匀染染料、耐缩绒酸性染料（类型1）、耐缩绒酸性染料（类型2）。

（1）酸性匀染染料。相对来说应用比较简单，在较低的 pH 条件下应用（一般使用硫酸或甲酸和硫酸钠调节 pH 至 2.5~4.0），匀染性和迁移性好；但是湿牢度较差，在后续对织物或服装进行湿整理时会褪色；可染的色谱较广，可以使用三原色进行混色。推荐用于羊毛整理的后期且不需要良好的耐洗性只可干洗的产品，可以采用织物匹染或成衣染色。

（2）耐缩绒酸性染料（类型1）。也称为半缩绒染料，该染料的分子量相对较大，使用甲酸或乙酸调节 pH 至 4.0~5.0 条件下应用，匀染性和迁移性中等，湿牢度中等，色谱广。

（3）耐缩绒酸性染料（类型2）。也称为快速酸性染料，在中性条件下应用（pH 为 6.0~8.0），匀染性和迁移性较差，色谱比较窄，但是湿牢度较好。不建议用于纱线染色、织物染色和成衣染色，建议用于散纤维染色且需要较好的湿牢度的情况下，在使用时需要严格控制升温速率。

2. 活性染料

属于阴离子染料，其中有亲核反应基团（通常是活性双键），可以与蛋白质分子中的氨基和硫醇侧链进行亲核取代反应形成共价键交联。所形成的共价键可以阻止染料分子的后续迁移，确保较好的湿牢度。活性染料在固色之前迁移性较好，当要求高水平的水洗牢度时推荐使用活性染料，且此染料可以染亮色。

染料分子可以与纤维外层（尤其是纤维的内表皮层）的亲核基团反应，从而抑制染料分子向纤维中心进一步迁移。相同染料的不同形式（活性、少活性、非活性）的试验表明：只有非活性的染料才能完全渗透进入纤维中，活性较大的染料染色时会产生环染。

在使用活性染料染色时，需要考虑反应速率与迁移性之间的平衡，迁移性与染料的结构和配方有关。

3. 金属络合染料

在染料制备时可形成含有金属离子（通常为铬）的发色团，其耐光色牢度非常好，可以与媒介染料相媲美，但是不存在媒介染料染色时的复杂性和环保问题。常用的金属络合染料可分为以下两类。

（1）1∶1金属络合染料。金属离子与一种染料分子络合。具有较好的匀染性和牢度，一般在强酸条件下应用（pH为2.0~4.0），且常采用匹染的形式，但是不适合染亮色。亨斯曼公司生产的一种1∶1金属络合染料——Neolan P 染料可以在 pH 为 3.5~4.0 的条件下应用，且在匹染时可以减少羊毛织物的损伤。

（2）1∶2金属络合染料。金属离子与两种染料分子络合。一般在中性或弱酸性条件下应用（pH为5.5~7.0），包括单硫酸化和双硫酸化的1∶2金属络合染料。这类染料在染色时需要使用特殊的助剂以使其匀染性较好，但是其耐光色牢度和耐洗色牢度较好，可用于纱线染色，应用较广泛，且可用于需要较好机洗牢度的产品的染色。

磺化的1∶2金属络合染料属于1∶2金属络合染料的变化形式，不同生产者生产的染料的磺化程度是不同的。磺化作用是指用磺酸基取代染料分子上的某个基团。这类染料可以在较低的 pH 下（接近羊毛等电点的 pH）应用。

不同企业生产的1∶2金属络合染料有科莱恩公司生产的 Lanasan、DyStar 公司生产的 Supralan、亨斯曼公司生产的 Lanaset。

4. 酸性媒介染料

目前，在羊毛染色中，酸性媒介染料的应用最广泛。酸性媒介染料的染色方法有预媒染法、后媒染法和同浴媒染法三种。

（1）预媒染法。先将羊毛用媒染剂（一般用重铬酸钾）进行处理，然后再进行染色。

（2）后媒染法。先将羊毛在弱酸性条件下（pH为4~6）用酸性媒介染料染色后，再用媒染剂处理的染色方法。后媒法染色过程：在染色时与酸性染料类似，用甲酸调节 pH 至4.0，然后用重铬酸钾在 90~100℃时进行媒染，可用于羊毛染色的整个工艺。

（3）同浴媒染法。媒染剂和染料同浴染色。

这三种方法中，后媒染法应用最广泛，因为其染色后色牢度最好，且对纤维的损伤最少。预媒染法中，由于媒染剂对纤维大分子的氧化作用会对纤维有较大损伤，实际应用较少。

二、选择染料的依据

1. 染料的选择依据

羊毛染料的选择，主要取决于以下因素。

（1）羊毛存在的形式。如散羊毛（正常的或经过化学处理的）、混纺、毛条、纱线、织物、成衣等。

（2）所需要的色光和强度。如亮色调、深色调（海军蓝和黑色）等。

（3）最终产品的色牢度要求。如产品要求耐缩绒或不耐缩绒、产品要求耐洗或只能干洗等。

（4）易染色性。主要与羊毛存在的形式和可使用的染色机类型有关。

（5）成本。主要与羊毛性能（未处理或经过某种化学处理）、染色形式（纱线染色、匹染等）、染料的种类（需要满足迁移性和色牢度的要求）等有关。

2. 染料选择举例

（1）染用于机织的精纺毛纱且要求在湿整理的过程中牢度好时，可以选用 1∶2 金属络合染料、耐缩绒酸性染料、媒介染料或活性染料。

（2）染黑色或海军蓝色时，主要选用媒介染料或活性染料。

（3）染浅色或中色时，一般用改性的 1∶1 金属络合染料，其湿牢度足够且匀染性较好。

（4）染用于机织的粗纺毛纱，可选用耐缩绒酸性染料、1∶2 金属络合染料、媒介染料或活性染料。

（5）染时尚面料且只要求干洗牢度好的产品时，可选用的染料类型较多，如酸性匀染染料、1∶1 金属络合染料等；若还要求湿牢度较高，则可选用改性的 1∶1 金属络合染料，并添加适当的匀染剂。

第二节　羊毛染色中使用的助剂

羊毛染色过程中需要用到多种助剂，这些助剂一般是在染色前加入的，以助于提高最终产品的性能。在 40℃ 时，这些助剂需要在染浴中循环 10~15min 以实现分布均匀。

在羊毛染色过程中，用到的助剂主要包括 pH 控制剂、匀染剂、羊毛保护剂等。

一、pH 控制剂

在羊毛产品的染色过程中，pH 对染料的吸附和匀染有重要影响。一般用酸、碱或盐来调整染浴的 pH，最常用的是酸性盐缓冲系统。大量的酸和纤维中的基本染座意味着纤维和染浴的 pH 之间存在差异，用特定的盐（一般是铵盐）可调整这种差异。加入硫酸铵后，染浴的 pH 变化如图 15-1 所示。加入此助剂后，在染色的初始阶段，可以使染料在较高的 pH 作用下缓慢地被吸附，以确保匀染性，并且在染色的后续阶段（pH 较低时）也可以产生较大的吸附。

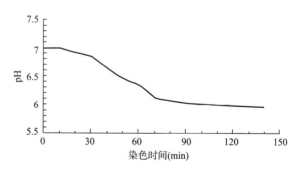

图 15-1　pH 控制剂的作用

常用的 pH 控制剂如下。

（1）酸。硫酸可调整 pH 至 2~3，甲酸可调整 pH 至 3~4，乙酸或乙酸盐可调整 pH 至 5~7。

（2）碱。可用氢氧化钠或碳酸钠，但氢氧化钠需要慎用。

（3）碱盐。可用于调节 pH 并可起到缓冲作用，如乙酸钠、碳酸氢钠。

（4）连续的 pH 控制剂。如醋酸铵。

二、匀染剂

染色不匀有多种形式：①筒子纱的外层和内层颜色不同；②匹染产品可能出现不完整的条纹状，也可能边缘与中心部位颜色不同；③成衣染色，接缝处与其他部位颜色不同。染色不匀可能是由于羊毛的准备不恰当或者染色过程不合适造成的。

为了达到匀染，控制染料的上染速率是非常必要的，尤其是染色初始阶段的速率，可采取的措施包括：①控制升温的速率；②控制 pH，可使速率减慢并使 pH 降低，可用铵盐或脂类等；③加入匀染剂。

匀染剂可以通过不同的方式减缓染色的速率：①与纤维上的染座竞争染料，如硫酸钠；②像无色染料一样，暂时或永久性地锁住纤维上的染座；③与染料分子形成微弱的结合。所需要的匀染剂的种类和用量取决于所选用染料的性能及其匀染性，匀染剂可能对纤维或染料的颜色有一定的影响。

匀染剂对内部纤维的覆盖或亲和力的差异是至关重要的，匀染剂用量太少会导致染色不匀或条染；匀染剂用量过多会产生反向的条染；某些阳离子物质会使染料产生沉淀，从而使浸染效果变差、摩擦牢度变差。

某些种类的匀染剂可以通过控制染料的吸附速率，从而减少一根羊毛纤维上根部和尖部的差异，如加入匀染剂 Lyogen SU 的 Lanasyn S 染料、加入匀染剂 Lyogen SU 的 Sandolan N 染料、Lyogen SMK、亨斯曼公司生产的阿白格 B。

使用匀染剂后的匀染效果可以采用以下方法进行测试，如图 15-2 所示。准备一个紧凑的圆柱体的织物盘，将染液由一个方向在织物盘中循环，根据最终盘中的颜色评估其匀染性。可以在空白染浴中使用染料和白色盘染料的迁移性，可以通过染浴（或织物）的色度测量染料的吸尽性，通过测试不同染色阶段的样品来评估染料的上染率，还可以根据盘的颜色评估染料的配伍性。

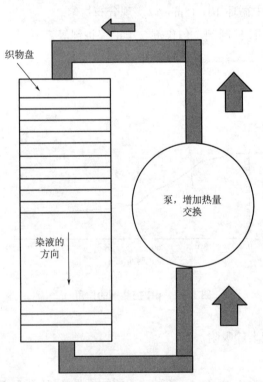

织物盘

染液的方向

泵，增加热量交换

图 15-2　匀染剂匀染效果测试示意图

三、其他助剂

在羊毛染色过程中，可能用到的助剂还有以下几种。

（1）润湿剂。一般是阴离子型或非离子

型表面活性剂，可确保纤维被均匀地润湿。染液渗透进入结构紧密的织物是很困难的，此时可采用润湿剂。

（2）提亮剂。一般是羟胺盐和亚硫酸氢盐，具有轻微的漂白效果，可以减少羊毛纤维的天然奶油色，但是与一般的漂白相比白度改善得较少且对纤维损伤较少，可以抑制染色过程中出现泛黄，但是提亮剂会与某些活性染料发生反应，通常在染色的最后阶段加入。

（3）羊毛保护剂。在染色过程中羊毛纤维会受到损伤，采用保护剂可以减少损伤。

（4）固色剂。可以改善产品的湿牢度（如深色服装）。一般是阳离子型表面活性剂，可以在纤维表面形成阳离子层从而阻止染料在洗涤过程中向外迁移。常用于耐缩绒酸性染料或1∶2金属络合染料的染色中。固色剂也可以是非离子型和阳离子型表面活性剂的混合物。

（5）剥色剂。可以移除纤维表面或纤维内部的染料，除去纤维表面的染料可以改善摩擦色牢度。常用的剥色剂包括甲醛次硫酸锌盐、其他的还原剂、pH 为 8 的聚乙氧基季铵盐化合物。

（6）螯合剂。可除去染浴中的金属离子，这些金属离子会影响染料的染色，也可能对羊毛造成损伤。但是螯合剂不能与金属络合染料一同使用，因为螯合剂会剥离媒染剂中的金属而使颜色发生改变。

（7）消泡剂。可以消除染浴中的泡沫。在喷射染色机中，织物上产生的泡沫会造成泵的腐蚀，也会影响织物的移动，因而可能产生染色不匀。但是消泡剂会在染色容器壁上堆积，并可能导致织物上出现斑点，因此使用无泡或低泡的助剂更加安全。

（8）润滑剂。能够确保织物在匹染设备中平稳运转，可以减少纤维与纤维之间、纤维与金属之间的摩擦，使织物在匹染设备中的运动更加容易。

（9）分散剂。可以改善染液的分散性，在分散染料染色的过程中一般需要采用分散剂以阻止染料在纤维表面的凝聚。

在羊毛染色过程中，常用的助剂有阿白格（Albegal）A、阿白格 B、阿白格 SET 等，如图 15-3 所示。

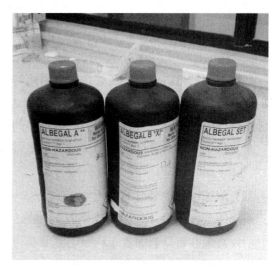

图 15-3 羊毛染色常用的助剂

第三节　常用染料的染色过程

一、酸性匀染染料的染色

酸性匀染染料染色时，需要使用甲酸或硫酸调整 pH 至 3.0 左右，升温的速率可以相对较高，因为此染料在沸水中的迁移性较好。即使在染色的初始阶段上染不均匀也可以通过延长在沸水中的时间来促进染料的迁移，从而获得较好的匀染性。

酸性匀染染料的染色过程如图15-4所示。

（1）将染浴温度设定在40℃，加入10%的硫酸钠和匀染剂。

（2）加入染料，然后以1~1.5℃/min的速率对染浴进行加热，升温至沸腾并保持60min。

（3）将染浴冷却至70℃，然后对羊毛进行漂洗。

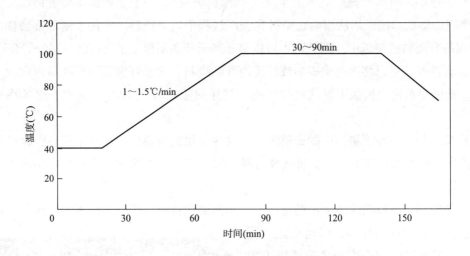

图15-4　酸性匀染染料的染色过程

酸性匀染染料的优点是迁移性好，因此匀染性较好，通过延长在沸水中的时间可以使衣服的接缝处的染液渗透性较好。但是若未经过防缩整理的羊毛服装用这种染料进行染色时，在沸水中的时间不能太长，否则会产生过多的毡缩。

炭化后的羊毛通常可以采用酸性匀染染料或传统的1∶1金属络合染料进行染色。

二、耐缩绒酸性染料的染色

耐缩绒酸性染料（类型1或类型2）的迁移性比酸性匀染染料的迁移性差，水洗牢度中等，所以需要在将染料固着于纤维上之前获得比较好的匀染性。

耐缩绒酸性染料的染色过程如图15-5所示。

（1）将染浴温度设定在40℃，加入10%的硫酸钠。

（2）加入匀染剂、醋酸、醋酸盐，将pH调整至4.0~4.5。

（3）升温至60~70℃以确保均匀上染，且需控制升温的速率低于1℃/min。

（4）在一定的温度下保温一定的时间，这可以增加染料迁移的时间；一般在65~75℃时耐缩绒酸性染料的上染率会增加，因此设定的保温温度需要低于此温度，这个温度的具体数值需要通过实验得出。

（5）继续升温至100℃，在沸水中染色30~90min，这个时间取决于染色的深度。

（6）将染浴冷却至70℃，然后对羊毛进行漂洗。

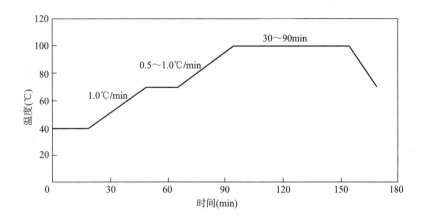

图 15-5 耐缩绒酸性染料的染色过程

三、活性染料的染色

羊毛用活性染料的种类包括：Archroma 公司（原 Clariant）的 Drimaren F 染料、Dyestar 公司的 Realan 系列、亨斯曼（Hunstman）公司的 Lanasol 系列。

运用活性染料染色时，必须平衡上染率与反应速率之间的关系以避免染色不均匀。活性染料的染色过程如图 15-6 所示。

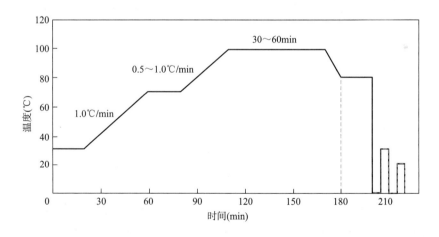

图 15-6 活性染料的染色过程

（1）用醋酸铵将染浴的 pH 调整至 7.0。

（2）加热，以 1℃/min 的速率升温至 70℃，并保温 15~20min；在此温度时产生的固色较少、染料的迁移较容易。

（3）加热升温至水沸腾，并保持 30~60min。

（4）对染浴进行冷却，然后准备 pH 为 8.0~8.5 的新染浴。

（5）在 80℃时用碱清洗 15~20min 以去除未反应或未水解的染料，这一步对于深颜色的染色是必要的，可保证最终产品具有较好的水洗牢度。

（6）漂洗，并用1%的醋酸在漂洗浴中酸化。

在活性染料染色的过程中需要使用匀染剂，以促进上染、纤维及其表面的匀染以及染料的渗透。对于浅色、中色的纱线和匹染产品，采用5%～10%的硫酸钠可减缓上染的速率，从而促进表面的匀染。

染色时，采用的浴比为8∶1～30∶1，一般会加入1%～2%的阿白格 B（助剂），此助剂的用量取决于所需要的色调。阿白格 B 是一种两性的助剂，对染料和纤维都有一定的亲和力，染深色时，需要较大量的阿白格 B 以改善上染率。

早期的活性染料匀染性较差，因此应用受到限制，但是加入两性的匀染剂（如阿白格 B）可使活性染料用于纱线、织物和成衣的染色。目前，活性染料可用于可机洗羊毛的染色，且湿牢度优异。

四、1∶1 金属络合染料的染色

1∶1 金属络合染料可用于经炭化的羊毛纤维或羊毛织物的染色。染色时的 pH 较低，通常使用硫酸将 pH 调整至2～3。

1∶1 金属络合染料的染色过程如图 15-7 所示。

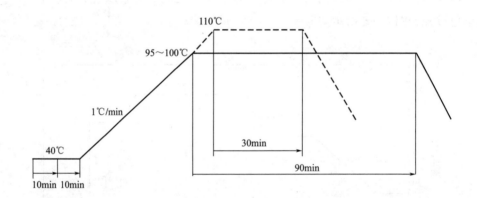

图 15-7　1∶1 金属络合染料的染色过程

（1）对于匹染织物和纱线，将染浴温度设定在40℃，并加入6%～10%的硫酸钠。

（2）有时需要使用两性的匀染剂，一般需要使用阿白格 PLUS（浓度为2%～3%）以使染料较容易上染，对于织物溢染设备还需要使用消泡剂。

（3）对于1∶1 金属络合染料，升温的速率可以相对较快，因为这种染料在沸水中的迁移性较好，可以通过延长在沸水中的时间来改善染色不均匀。1∶1 金属络合染料可以在高于100℃的温度下染色，此时染色所需的时间较短。

由于染色时的 pH 很低，所以会产生相当大的纤维损伤，因此需要添加羊毛保护剂来减少羊毛损伤，如 Neolan P 染料中添加阿白格 PLUS 后，可以在 pH 为3.5～4.0时也不会对羊毛造成很大的损伤。

五、1∶2金属络合染料的染色

1∶2金属络合染料的匀染性和色牢度适中，可用于散纤维和纱线的染色，且染色的色谱广、配伍性好、工艺牢度好，也可用于羊毛/丝混纺以及羊毛/锦纶混纺的染色。散纤维染色时的时间和温度很大程度上取决于染色机的性能以及施加在纤维上的负荷的密度和均匀性。

1∶2金属络合染料的染色过程如图15-8所示。

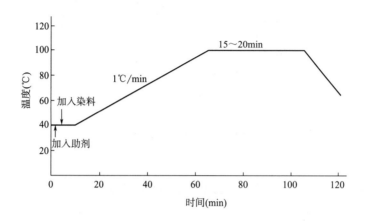

图15-8　1∶2金属络合染料的染色过程

（1）在染浴中加入润湿剂（如阿白格FFA）、阴离子型或两性匀染剂（如阿白格SET）、羊毛保护剂（如米勒兰Q）。

（2）运用醋酸或醋酸盐将染浴的pH控制在中性或弱酸性（pH为5.0左右）。

（3）加入染料后以1℃/min的速率升温。

（4）纱线染色时，建议在75℃时保温15~20min，而散纤维染色时不需要。

（5）用1∶2金属络合染料染中、深色时，需要在98~100℃时保温至少20min以获得较好的渗透性，从而避免产生环染。

（6）建议染色时间最短为30min，染深色时所需的时间更长。

用磺化的金属络合染料染色时，可采用类似的助剂，用硫酸铵将pH调整至4~6.5时进行染色。

六、酸性媒介染料的染色

用媒介染料染色时，需要弱酸性的染浴，以使纤维和三价铬离子之间形成稳定的络合物。过去经常用酸性媒介染料染深色，并且可以应用于羊毛加工的各个阶段（散纤维染色、毛条染色、纱线染色、织物染色等）。媒介染料的匀染性和渗透性较好，具有优异的耐光色牢度。

媒介染料的染色有预媒法、后媒法、同媒法三种方法，通常认为后媒法染色效果较好、对纤维的损伤少、水洗牢度较好（尤其是深色），因此后媒法的应用最为广泛。酸性媒介染料的后媒法染色可用于纤维、纱线的染色或匹染，最终产品可用于男士与女士的外套、制服、针织纱以及地毯等。运用后媒法染色时，可以在沸水中进行也可以在低于沸水的温度下进行。

酸性媒介染料在沸水中的染色过程如图 15-9 所示。

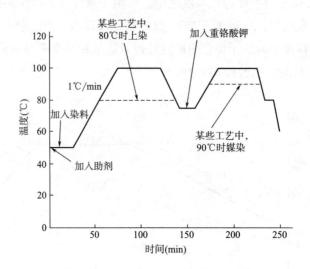

图 15-9　酸性媒介染料的染色过程

（1）在染浴中加入 1%～2% 的乙酸（将 pH 调整至 5.0 左右）、5% 的硫酸钠、匀染剂。

（2）以 1℃/min 的速度加热升温至煮沸，保温 30min 后加入甲酸（调整 pH 至 4.0 左右）以完成上染。

（3）将染浴冷却至 75℃，加入 0.5%～1.5% 的重铬酸钾，然后重新加热至煮沸并保温 30～45min。

（4）将染浴冷却，然后用氨水在 pH 为 8.0 时对羊毛进行洗涤以去除任何可致变黄沾污的杂质。

（5）最后对羊毛进行冲洗并酸化。在某些染色工艺中，在 80℃ 时上染，在 90℃ 时进行媒染。

七、染料的三原色混合

在染色中，很多颜色是用多种颜色（通常是黄色、红色和蓝色，称为三原色）混合而得的，很多类型的染料都利用三原色调配需要的颜色。但是，采用三原色调配染料时，需要注意各种染料的配伍值以确保染料的上染速率相近。

染料的三原色混合的范围如下：酸性染料可与前科莱恩公司生产的 Sandolan E 染料及其他染料进行混色，1∶1 金属络合染料可以与亨斯曼公司生产的 Neolan P 染料以及前科莱恩公司生产的 Sansolan MF 系列的染料进行混色，1∶2 金属络合染料可以与亨斯曼公司生产的兰纳洒脱染料进行混色，活性染料中的兰纳洒脱黄色 4G、红色 6G 和蓝色 3G 染料可以进行混色，对于较深的颜色，可以用兰纳洒脱橙 RG 或深红 3G 进行混色。

现在使用的商业染料不再仅局限于单一类型的染料，某些兰纳洒脱染料中也含有 1∶2 金属络合染料和其他类型的活性染料。选择染料时，需要注意的是，混合染料中各种染料的应用条件和适用范围应该是相近的。

第四节　羊毛染色过程中的控制要点

在羊毛染色过程中需要控制的要点如下。

（1）水质。水的硬度需要低于 100mg/kg，最好低于 50mg/kg。

（2）染浴的 pH。在染色前、染色中、染色后都需要检测控制染浴的 pH，检测时一般用 pH 计而不用 pH 试纸。

（3）添加染料和助剂时的温度。取决于所使用的染料和助剂的类型。

（4）加热速率。通常是 1℃/min 左右，但是也与所使用的染料类型有关，在达到一定的温度时需要有一定的保温时间。

（5）染色时间和温度、水洗条件。取决于所使用的染料类型。

（6）冷却和卸载。

但是，在染色中的首要规则是遵循染料供应商的建议。

重要知识点总结

1. 可用于羊毛纯纺及混纺产品染色的染料：酸性染料［包括酸性匀染染料、耐缩绒酸性染料（类型 1）、耐缩绒酸性染料（类型 2）］、活性染料、金属络合染料（包括 1∶1 金属络合染料、1∶2 金属络合染料）、酸性媒介染料。

2. 选择用于羊毛染色的染料标准取决于：需要染色的产品、产品对匀染性和色牢度的需要、羊毛存在的形式（如散纤维、纱线、织物）等。

3. 羊毛染色中使用的助剂的类型及作用。

4. 常用染料的染色过程：包括染浴温度的设置、染料的添加、升温的速率、煮沸的时间、后处理的性质及其影响。

5. 染料的三原色混合和染料的配伍性。

练习

1. 哪种类型的染料常用于羊毛的染色？

2. 酸性染料通常可分为哪几种？

3. 活性染料可以与哪种基团发生反应？

4. 列举几种可以与染料发生反应的氨基酸。

5. 经常采用的金属络合染料有哪几种？

6. 哪种氨基酸含有非极性基团？

7. 染色中所使用的助剂有什么作用？

第十六章　羊毛加工过程中不同阶段的染色

学习目标

1. 理解羊毛可采用何种形式进行染色以及每种染色形式的优缺点。

2. 了解不同形式的羊毛染色所需要的设备。

3. 理解不同类型染料的应用方法。

4. 理解每个染色阶段对设备性能和羊毛准备的特定要求。

5. 了解染色中存在的一些问题。

羊毛可采用多种形式进行染色，主要包括以下几种形式。

（1）洗涤后用于粗纺系统的散纤维染色。采用此种染色方法后，可以将多种颜色集中于一根纱线中，一般用于生产粗纺织物。

（2）毛条染色。将洗净毛加工成精梳毛条后进行染色，这是精纺系统中最常用的染色方式。在精纺加工过程中很少采用散纤维染色的方式，但是毛条染色后带有颜色的散纤维的价值比没有染色的纤维的价值要低。

（3）纱线染色。可以是绞纱染色或者是筒纱染色。

（4）织物染色。包括机织物染色和针织物染色，通常称为匹染。

（5）衣片染色。一般是针织物的衣片，从全成形针织机上下机的衣片，先进行染色再加工成针织服装。

（6）成衣染色。常用于粗纺针织物的染色。

常用的羊毛染色形式如图16-1所示。

(a) 散纤维染色　　　　　　　　　　(b) 筒纱染色

(c) 毛条染色　　　　　　　　　　　　　(d) 织物染色

图 16-1　常用的羊毛染色形式

从产品的颜色确定后至产品交付给销售者，这段时间称为染色的生产周期。各种染色形式的生产周期如图 16-2 所示。各个阶段的生产周期都是非常重要的，生产周期越长，生产加工链的库存越多，产品对时尚变化的反应越不灵活。

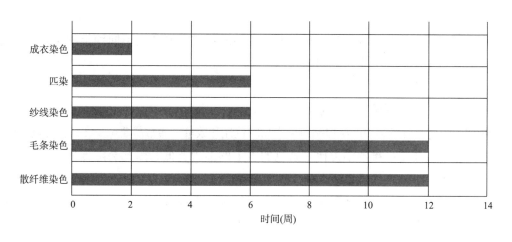

图 16-2　各种染色形式的生产周期

散纤维染色（用于粗纺加工的）和毛条染色（用于精纺加工的）后，需要先加工成纱线，再织成织物，然后再加工成最终产品，所需要的生产周期约为 12 周。纱线染色后，只需织成织物，再加工成最终产品，因此，所需要的生产周期短，约为 6 周。织物匹染后需要先进行干整理，然后加工成最终产品，所需要的生产周期约为 6 周。成衣染色所需要的生产周期最短，约为 2 周，成衣染色对时尚变化的反应最快。全成形针织机生产的衣片需要先缝合起来再加工成最终的服装，因此其生产周期比其他的成衣染色的生产周期稍长。

第一节　羊毛纤维染色

羊毛纤维染色主要有两种形式：散纤维染色，一般用于粗梳毛纺系统中；毛条染色，一般用于精梳毛纺系统中。

一、羊毛散纤维染色

先对洗涤后的羊毛散纤维进行染色，染色后再进行梳毛和纺纱。

1. 散纤维染色的优缺点

（1）散纤维染色的优点。

①可以获得比较均匀的颜色，即使是染色不均匀也可以通过后续的混合工序（如梳毛、针梳等）弥补。

②可获得较高的湿牢度。

③在羊毛散纤维染色过程中，可以通过分批加入染料来保证所染颜色的连续性，也可以通过使用不同色调和深度的纤维纺成"段彩夹花"纱线。

④染色成本较低。

⑤当采用不同纤维品种混纺时，对于不同品种的纤维需要选用不同种类的染料和染色方法，而且需要避免不同种类染料之间相互沾污。

（2）散纤维染色的缺点。

①从染色到成品的周期很长（超过3个月）。

②在加工的初始阶段必须严格控制所染产品的色光和数量，通常需要至少在销售之前6个月。

③经过染色的羊毛纤维的强力比未染色的羊毛的强力要低，因此会降低梳毛和纺纱等工序的效率。

④由于羊毛纤维在染色后还可能经过洗呢、缩呢、煮呢等工序，因此需要选择湿牢度较好的染料。

⑤在后续加工中发生颜色沾污的风险比其他染色方式高。

⑥为满足具体订单所需的纤维量，一般需要比正常订单所需的纤维量要稍多，以弥补后续加工产生的浪费（精梳落毛等），因此散纤维染色的原料成本较高。

2. 染料的选择

羊毛纤维染色时染料的选择见表16-1。

表 16-1　羊毛纤维染色时染料的选择

最终产品的要求	可选用的染料类别	注意事项
仅可干洗的针织品	1:2金属络合染料 弱酸性染料 中性染料（浅色）	适用于常规工艺

续表

最终产品的要求	可选用的染料类别	注意事项
可手洗的针织品	1∶2金属络合染料 弱酸性染料 活性染料	若具有氧化性则需要选择染料，且需要防毡缩处理
可机洗的针织品	1∶2金属络合染料 弱酸性染料 铬金属媒介染料 活性染料	—
机织物	弱酸性染料 铬金属媒介染料 活性染料	需要耐洗呢、耐缩呢、耐煮呢

　　1∶2金属络合染料（特别是磺酸盐类型）是组成羊毛纤维染色配方的主要成分，因为其染色成本低、染料应用相对简单，但是染色后机洗牢度差、可染的颜色范围有限。用此类染料染浅色时有一定的优势，因为其对染料浓度变化的敏感性较小。染亮色时，可选用耐缩绒酸性染料或者活性染料。目前开发的很多染料优化了染色范围，可适用于所有色调的染色，如前科莱恩公司的Lannsan染料、德司达公司的Supralan染料、亨斯曼公司的Lanaset染料，其他公司也有类似的染料。染黑色时需要染料具有较高的牢度，一般使用酸性媒介染料。

3. 散纤维染色的设备

　　羊毛散纤维染色所用的设备种类很多，其中之一如图16-3所示，很多设备都可用于商业化生产。所有类型的设备的染色效果都取决于通过纤维包时染液的循环流动方式，为了获得均匀的颜色，均需要打包均匀，以保证染液流动的均匀性，因此，建议羊毛在打包时，采用自动装载且由气动加压或机械加压进行包装，同时在装载纤维之前应该将纤维润湿，并通过水的循环利用以减少用水量。打包后纤维的密度一般是$250g/cm^3$，对于某些径向流动的设备此密度可以增加。

　　大多数现代的染色设备是密封的，并且可以在一定的压力下运行，因此可以在高于100℃的温度下对合成纤维进行染色。梨形染色设备用的是叶轮而不是泵来促进染液的循环；在锥形盘式设备中，染液的流动是从底部至顶部，可以采用手动加载。

图16-3　散纤维染色设备

4. 散纤维染色后的烘干处理

　　湿羊毛很难被进一步加工，因此对散羊毛进行染色后必须先对其进行烘干，如图16-4所示。对染色羊毛纤维的烘干包括机械烘干和热烘干两个阶段。

　　机械烘干的成本远低于热烘干，因此在机械烘干阶段去除尽可能多的水分是非常重要的。

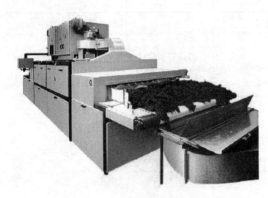

图 16-4 散纤维染色后的烘干

机械烘干一般采用旋转的方式，也可以采用挤压辊，但挤压辊的效率不如旋转烘干。

热烘干的方式主要有以下三种。

（1）热空气烘干。这种烘干方式是使热空气通过不断移动的羊毛纤维层，与洗毛后的烘干类似，热空气的串流可能导致羊毛上留下湿斑。

（2）射频烘干。其原理与微波炉的工作原理类似，利用射频将羊毛纤维上的水烘干并蒸发，大多数射频烘干机是连续工作的。某些射频烘干机可以在松散的纤维层中间产生很高的温度，温度过高会导致羊毛纤维泛黄。

（3）混合烘干。将热空气烘干和射频烘干联合使用。

二、毛条染色

在精梳毛纺产品的生产过程中，最常用的染色方式是毛条染色。毛条染色可以保证颜色的连续性，通过多批次染料的混合，使可染的颜色种类丰富并且可以形成"段彩夹花"纱线。

毛条染色也有一定的缺点，如毛条染色后的条子必须重新进行精梳和针梳以恢复其可纺性能（增加了加工的成本）；染色后的条子的纺纱效率比未染色的低，这是因为染色过程对纤维造成了一定的损伤。

毛条还可以用一种或多种颜色进行印花以在同一根条子中产生多种颜色。经过印花的条子需要进行汽蒸以促进染料向纤维内部的渗透，在印花浆糊中需要使用促迁移的助剂以控制印花浆糊的黏度。毛条染色、毛条印花分别如图 16-5、图 16-6 所示。

图 16-5 毛条染色

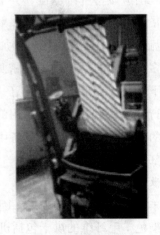

图 16-6 毛条印花

在毛条染色过程中，首先必须保证毛条的尺寸及密度均匀一致，均匀的毛条可以减少染液的聚集从而提高染色的均匀性，将毛球进行压缩（图 16-7）通常可以满足这一要求。大部分纺纱者会将毛条压缩成毛球以满足消费者的需求并适合于染色设备，压缩毛球的重量一般为 10kg，若重量太大则润湿时难以用手工进行，但某些设备需要重量较大的毛球（如100kg）。压缩毛球工序一般在染色车间进行。需要严格控制毛球的重量和密度，因此压缩时需要施加适当的张力。毛球的密度取决于所用设备的类型、泵的容量以及羊毛的品质，通常为 350g/cm^3，也可以为 320~

图 16-7　压缩毛球

450g/cm^3。在压缩过程中应尽量减少纤维的移动及表面的毡缩，以避免纤维在复精梳工序中受到损伤。

三、纤维染色的后加工工序

1. 复洗

在染色后（尤其是染蓝色和黑色）一般需要进行连续的洗涤，如图 16-8 所示。洗涤可以去除未固着的染料、残余的助剂，一般将这一工序称为复洗。复洗可以改善后道工序中毛条的可加工性能。

图 16-8　染色后的复洗

2. 脱水及烘干

纤维经染色后、复洗后需要进行烘干，烘干前先进行机械脱水。机械脱水系统包括离心力脱水和挤压辊脱水。复洗工序中一般采用挤压辊脱水，如图 16-9 所示。在脱水过程中尽量减少染色纤维中残留的水分，这可以减少热烘干所需的时间和温度，从而减少烘干过程对纤维的损伤，脱水后的残留含水量一般为 40%~45%。脱水之后再进行热烘干（图 16-10），热烘干时采用的温度不高于 100℃ 且烘干后应使羊毛纤维的含水量达到 17%，若温度太高会导致纤维损伤严重并降低生产效率。

连续式的热空气烘干机常用于复洗机的最后一部分，但射频烘干的应用越来越多，其中传送带类型的射频烘干机是最常用的。某些射频烘干机会使毛条的中心或散纤维的中层产生较高的温度，因此，在烘干浅色或亮色产品时，需要进行严格的控制以减少毛条中心的泛黄程度。

图 16-9　挤压辊脱水　　　　　　　图 16-10　热烘干

四、纤维染色中的质量控制

染色中水的消耗量非常大，因此减少水的消耗对环境保护和染色成本都很重要。染色时采用的浴比（液/固）是决定用水量的重要因素，一般为 8：1；完整的设备负载也可以节约用水；避免溢流水也可节约用水，溢流水比分批漂洗的效果差且用水量多。

纤维染色过程中的质量控制是非常重要的，还包括以下几点。

（1）对色。使颜色尽量与客户的要求一致。

（2）匀染性。每一批次的染料在加入染色设备之前均需要严格检查以确保其颜色均匀。如果匀染性不能达到需要的水平，则需要将被染物及染料重新进行装载，且匀染性受后续混纺工序的限制。

（3）纤维损伤。对纤维损伤程度的评定对于纺纱工序非常重要，因此，在染色前和梳理或针梳后均需要测试纤维的长度。若纤维长度损伤过大，则表明在染色中纤维损伤较大，控制纤维的损伤，可以防止在后续加工中纱线的性能较差，并减少纺纱中的浪费。

（4）色牢度。需要满足后续加工和客户的需求。对色牢度性能的测试取决于染色纤维的最终用途。染深颜色和具有代表性的样品时必须进行色牢度测试；若染色后的纤维具有关键的用途（如可机洗产品），则需要检测所应用的所有批次的色牢度。

第二节　羊毛纱线染色

一、纱线染色的优缺点

1.纱线染色的优点

（1）未染色纤维的纺纱效率较高，纺纱中的断头较少，不同颜色的纤维之间交叉沾染的机会少。

（2）未染色纤维的价值比染色纤维的价值更高。

（3）小批量染色时效率更高，大批量染色时浪费较少。

（4）可减少有色羊毛的库存。

（5）产品的生产周期更短（1个月左右，通常为6周左右），颜色可以更好地满足消费者和时尚的要求。

2. 纱线染色的缺点

（1）染色后纱线中只有单一的颜色，彩色纱线的效果只能使用特殊的技术才能实现。

（2）纱线染色的成本比散纤维染色或毛条染色的成本高，且不能混纺以确保颜色的连续性，对色及匀染性的误差更大。

二、纱线染色的前处理及染料的选择

1. 纱线染色的前处理

许多精纺纱线尤其是未预洗的干燥纱线，预处理只需在50~60℃用水清洗即可。如果需要去除纱线表面的润滑剂，尤其是粗纺羊毛纱线，则清洗的过程为：用1~2g/L的碳酸氢钠、1~2g/L的非离子型洗涤剂，在50℃时运行20min，然后脱水、漂洗、冷却。建议洗涤时用有机溶剂去除约1%的可萃取物（油脂类物质）。

2. 纱线染色染料的选择

精纺的针织纱线对湿牢度的要求高以利于后续加工，一般可采用1∶2金属络合染料、耐缩绒酸性染料、含铬酸性媒介染料、活性染料或混合染料。染深黑色及深蓝色时，主要采用含铬酸性媒介染料及活性染料以确保适当的湿牢度。染浅色及中色时，可以用改性的1∶1金属络合染料以获得足够的湿牢度和较好的匀染性，但这些染料染色时采用的pH较低，这会对纱线造成损伤从而影响后续的针织过程。

精纺的机织纱线染色时，染料的选择取决于织物的类型及其后整理加工流程。粗纺的机织纱线需要具有较好的缩呢牢度，一般可采用耐缩绒酸性染料、1∶2金属络合染料、含铬酸性媒介染料或活性染料。

对于可机洗产品的染色，一般采用活性染料。

三、纱线染色形式

纱线染色主要有两种形式：绞纱染色和筒子纱染色，如图16-11所示，具体采用哪种方式取决于纱线的性质。

绞纱染色一般用于针织纱的染色，在染色中应注意控制纱线的蓬松度和手感。绞纱染色前需要将纱线重新卷绕，其卷绕

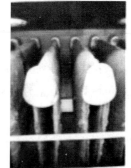

(a) 筒子纱染色　　　　　(b) 绞纱染色

图16-11 纱线染色

效率比筒子纱染色时低。绞纱染色设备中使用的浴比要比筒子纱染色时大，且用水量和能量消耗较大。绞纱染色会增加纱线的蓬松度。

筒子纱染色一般用于机织纱和某些针织纱的染色，会降低纱线的蓬松度，最终产品的手感稍差，但染色的用水量少。机织用纱对蓬松度的要求比针织用纱的要求低，因此可以采用筒子纱染色的方式；当针织纱用筒子纱的方式染色时，需要使用抗定型的技术。

四、绞纱染色

绞纱染色前的准备工作是非常重要的，准备的目的是将纱线卷绕成均匀的尺寸及重量，并在绞纱上打结以用于保持绞纱的稳定。在绞纱染色过程中由于打结不恰当或发生毡缩都可能导致绞纱相互缠绕，这会大大降低倒筒的效率且纱线中容易有接头或切口。

绞纱的卷绕是在摇绞机上进行的，在此设备上可以生产长度及重量恒定的绞纱，所需要的绞纱周长取决于染色机中辊筒之间的距离，不同种类的纱线所需要的绞纱周长不同，常采用的绞纱周长约为 1.5m。将绞纱装入染色机之前，需要评估绞纱周长是否合适。

图 16-12　绞纱柜式染色机

绞纱染色机的种类很多，广泛使用的是柜式染色机（传统的是长方形的），如图 16-12 所示。装载方式有顶部、前方、箱式，将绞纱装载至这些类型的染色机中时，不需要采用起重机，前方装载方式可以容纳不同的尺寸。用于毛条或筒子纱染色的立式或卧式的染色机可以将水平或垂直的容器与适当的载具一起使用，从而实现绞纱染色，这种类型的染色机中染液的循环能力较好。

用于美丽诺羊毛的绞纱染色机通常在绞纱的顶部及底部均有两根辊，如果辊可以旋转且有循环染液，则仅在顶部有辊即可。仅有一根辊的染色机可以减少纱线之间的粘痕，并可以尽量减少纱线被压扁的程度，纱线压扁的程度可以通过使用抗定型技术加以克服。

相比于纤维染色，绞纱染色的关键是实现匀染性及颜色的重复性。为了实现良好的染色，在染色机中需要配备自动化装置作为温度及时间的控制器；绞纱必须被均匀地装载，这意味着染色机容量的灵活性较差；染液的流动性应该较好以获得统一深浅的颜色，但流动性也不能过大以防止纱线移动产生毡缩，最佳的流速取决于机器的类型、负载、纱线的性质及绞纱的尺寸。

在绞纱染色中，有一种新型的喷射式染色机（图 16-13）是专为精细纱线的染色设计的，如羊绒、羊毛纯纺及其混纺纱线、天然的蚕丝纯纺及其与羊毛混纺的纱线。

Loris Bellini S.r.lis 公司生产的 ABEP 染色机被认为是一项新技术，可对精细纱线进行绞纱染色，这种染色机的特点是：由转轴的旋转带动绞纱的旋转；允许可变的负载及浴比；可以调节液体的流动速度以保证在不同负载的情况下染液可持续流动；如果需要则可以在一定的压力下运行，绞纱的旋转系统可以防止产生粘痕和染色不匀。

与纤维染色相同，绞纱染色后也需要进行烘干（图 16-14），而且在热烘干或射频烘干之前需要采用离心脱水。离心脱水可将羊毛纱线中的水分含量降低至 35%~40%，然后在热风烘干机中烘干。烘干时，将绞纱悬挂在杆上（或放置在射频烘干机中的传送带上），现在用的某些热风烘干机是非常精细的，可以控制空气的流动及纱线的旋转、提高烘干的速率、减少纱线与导辊接触时的压扁程度。烘干的温度应尽可能低至 75℃，以减少热量对纤维造成的损伤。绞纱的烘干也可以采用射频烘干机，在此烘干机中绞纱必须被均匀地装载至传送带上，绞纱上方的机械可提供气流以阻止纱线内部的温度高于 100℃，从而减少漂白纱线或浅色纱线的泛黄。

图 16-13　绞纱喷射式染色机　　　　　图 16-14　绞纱染色后的烘干

五、筒子纱染色

在筒子纱染色之前，首先需要将纱线缠绕于合适的筒管上，如图 16-15 所示。

1. 筒管类型

可用的筒管类型有很多种。

（1）圆锥形筒子，广泛地用于羊毛及羊毛混纺筒子纱的染色，材质可以是金属或塑料，锥角一般为 4°20′。用这种筒子时，不同的筒子之间需要有一定的距离，但这可能导致筒子的滑移和染液的泄漏。不能对这些筒子进行加压，以保证均匀的密度并改善染色的均匀性。

（2）不锈钢的弹簧，允许卷装的平行压缩。

（3）改进的筒子纱管，可以是塑料缸、弹簧或非编织中心，是为平行排列的卷装设计的。

（4）精密卷绕管，通常不需要或仅需很轻的压缩。

（5）随机卷绕管，可中心装载及轴向压缩，一般压缩 15%~20%。这些新型筒管的直径通常比传统的要大，若染色时染液的流动性较小则需要使用更大的卷装以避免对纱线的损伤。

　　纱线染色前筒子纱的准备是非常重要的，好的筒子纱卷装是染色成功的一半。理想的用于染色的筒子纱（图16-16）应具备：标准的直径、宽度及重量；且每个筒子纱均有一定的均匀度，对这些参数的控制取决于对卷装的定型。

图16-15　筒子纱染色的筒管　　　　　　　　　　图16-16　筒子纱

2. 精密卷绕的控制参数

　　筒子纱的卷绕方式中有一种是精密卷绕，此卷绕成本高，但可赋予纱线更高、更均匀的密度，从而避免压扁、带状及密度的变化，而且具有筒子纱补偿装置、纱线张力控制装置（会影响卷绕的速度）、横移运动控制装置（可使卷装具有柔软的边缘）等。精密卷绕时为了形成理想的卷装，需要控制以下参数。

　　（1）卷绕角度。理想的缠绕角度是25°～40°，一般采用35°。

　　（2）卷装密度和重量。驱动滚筒上施加的压力会影响卷装密度，卷装重量通过天平来测量以保持一致。

　　（3）纱线张力。通过改变张力装置上的作用力可以调节纱线张力，络筒机的速度也会影响纱线张力。

　　（4）横移运动。络筒机上的横移运动对卷装的成形是很重要的，有助于在络筒卷装上形成柔软的边缘，横移机构有助于防止纱线在筒子的同一位置堆积，从而保证筒子的成形良好。

3. 筒子纱准备过程中的质量控制

　　（1）所有的绕线端需要设定相同的张力。

　　（2）保持张力装置清洁且运转良好。

　　（3）确保所有的纱管具有相同的长度和直径。

　　（4）只卷绕条件适当的纱线。

　　（5）在同一时间更换纱管及卷绕的位置。

4. 随机卷绕注意事项

（1）机器上仅使用一种卷绕筒子。

（2）所有的绕线端采用相同的顶部交叉角，一般为 33°~41°。

（3）安装并使用防叠装置。

（4）检查新筒子是否平稳启动，确保第一层卷绕的准确性。

（5）不使用有松塌迹象的筒子纱。

（6）筒子纱应有相同的尺寸及重量，允许的误差范围为-2.5%~+2.5%。

（7）卷绕的纱线应能覆盖住用于染色的筒子上的孔。

（8）染色前，将圆锥筒子的边缘处理圆整。

（9）从圆锥筒子转变为圆柱筒子时，使用适当的横动控制装置。

5. 精密卷绕注意事项

（1）交叉卷绕的设置不能过紧，以避免筒子上纱线密度过高。

（2）应定期检查纱线的紧度以确保卷绕端的张力不致过高。

（3）检查所有的筒子纱是否具有相同的压缩密度。

（4）不能过度压缩卷装的体积。

（5）在压缩负载之前确保压板、主轴和筒子纱对齐以避免损伤筒子纱和容器。

（6）机械装载时需要平行双侧的卷装形式，此种方式不需要间隔，即使是手动装载，平行双侧的卷装形式也要好于传统的圆锥形卷装形式。

6. 筒子纱染色机

很多生产商都生产筒子纱染色机。比较老的种类是长方形的、水平装载的染色机，还有一种筒子纱染色机是圆形染色机，既可以水平装载，也可以垂直装载。

①水平装载的染色机。此机器不需要使用起重机进行装载和卸载，但是流速有限，因此，可容纳的筒子纱量较少，且存在筒子纱下垂、染料泄漏等问题。

②垂直装载的染色机。如图 16-17 所示，此机器需要使用起重机将筒子纱装载至染色机中，但是应用比较灵活，可以进行筒子纱染色或毛条染色。最新发明的垂直装载染色机灵活性更好，可以使用不同数量或不同高度的起重机。

大多数现代筒子纱染色机的自动化程度较高，包括染色过程和加载或卸载过程都是自动化的。染色企业中需要拥有各种容量的染色机以用于处理不同批量的羊毛产品。羊毛筒子纱染色时，染液的流速必须足够高以确保染色均匀，但也不能过高以避免对纱线和筒子的损伤。染液流速取决于卷装的种类、染色机的特性以及染液与羊毛的比例（浴比）。染色时可以通过调整液面使浴比保持恒定（液面是由气垫的压力控制的），除非浴比非常低，否则羊毛纱线在染色过程中使用液流反转是正常的。液流朝每个方向流动的时间取决于染色基质的性质、染色机的性质以及卷装类型和尺寸，一般为由内向外流动 5min、由外向内流动 4min。

在筒子纱染色机中，有一种单筒染色机，如图 16-18 所示，各筒子纱的转轴处都有单独的均匀染色管，染色管的数量决定了染色机的大小，可分为水平染色机（如 OBEM API 系统）和垂直染色机（如 Flainox）两种。此染色机最主要的优点是机器的装载比较灵活，堵住个别的管道仍能够实现不同批量的染色且不会影响染色的浴比。

图 16-17　筒子纱垂直染色机　　　　　　　　　　图 16-18　单筒染色机

7. 筒子纱染色后的脱水和烘干

筒子纱染色后，需要进行脱水和烘干，分别如图 16-19、图 16-20 所示。

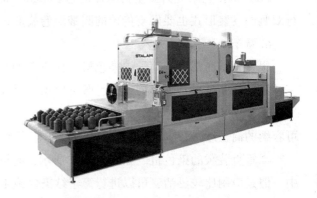

图 16-19　筒纱染色后的脱水　　　　　　　　　　图 16-20　筒纱染色后的烘干

脱水时采用的是离心式脱水机，可使羊毛纱线的水分含量降低至 35%~40%，在脱水过程中应避免对卷装的破坏并应使用较高的离心速度。一些制造商已经将异形嵌件引入染色机中，这可以允许对整个纱锭进行脱水，而且不需要单独卸载。脱水设备有单筒及多筒之分，单筒和多筒的脱水设备都有多种类型的脱水系统。也可以使用快速干燥机，通过在高速的冷空气中去除多余的水分以减少初始的离心脱水作用力，这种方法主要适用于压缩紧密的纱线，可以减少热空气的危害及最终的染色不匀。

烘干时，传统烘干机是通过被染物传递热空气；现在越来越多地使用射频烘干的方式，被染物在传送带上通过射频场传递，有连续式和间歇式之分。射频烘干机比传统热风烘干机的优点多，如筒子纱可以干燥至预设的回潮率水平，而且可以避免过度烘干对被染物的损伤。

射频烘干可能会导致筒子内部的温度高于100℃，因此设备生产者对操作系统进行了修改并结合空气流动，以减少温度的升高。间歇式的射频烘干方式可以使卷装通过真空，这种情况下纱线的温度不会超过60℃，因此可减少泛黄。

第三节　面料染色或匹染

匹染通常用于单色织物的染色，可用于粗纺和精纺的机织物及针织物的染色。对于大多数的机织物，采用这种染色方式生产周期短，可以根据市场需求做出快速反应，但是匹染对于色差及匀染性的要求均较高（色差在0.5左右）。匹染会影响染色后织物的外观及性能，在某些染色机中会产生起皱或表面毛羽多的问题，需要采取一定的措施以避免织物变形和折痕的产生，面料准备、设备和工艺的选择对于控制疵点的产生都是非常重要的。

匹染时，为了获得多色的效果，需要使用特殊的工艺，可采用羊毛与合成纤维的混纺纱线制成的织物，由于不同纤维的着色程度不同，可以产生条纹的效果。

一、匹染前织物的准备工作

匹染前织物的准备是匹染的一个重要步骤。织物准备包括以下几点。

（1）洗涤。以去除所有的污染物如纺纱所加的油剂、蜡质等，在洗毛工序或缩呢工序中残余的洗涤剂会导致染色中产生泡沫并引起染色不匀，因此这些洗涤剂必须在染色前去除。

（2）稳定尺寸。以消除可能会影响染色工序的扭曲及褶皱，这一工序也被称为预定型。

同一批次的织物所运用的前处理工序应尽可能一致，且配色时应尽可能使用同一批次的染料，以避免出现色差。如果织物在前处理之后、染色之前需要存储，则还需要进行烘干，之后卷起或折起并做上标记，并且在存储时应避免光照以免引起外层纤维的光致漂白。

圆形针织的羊毛织物经常以筒状形式进行染色。在织物准备工序中某些织物需要被剪开，如定型工序中织物必须是开幅的，而在染色时需要将织物重新缝合形成筒状。对于某些织物这一工序是必需的，以避免边缘卷起、擦伤痕、折痕等。

二、匹染中染料的选择

匹染中染料的选择取决于最终产品的需求。对于仅可干洗的产品，织物不需要其他的湿加工过程，可以选用酸性匀染染料或耐缩绒酸性染料以获得较好的匀染性；对于可机洗的产品，可以选用含铬酸性媒介染料或活性染料，这两种染料都具有较好的迁移性能及湿牢度。

匹染过程中染料的溶解对于避免织物斑点和染色不匀是非常关键的一步，染料的溶解是在染色机的附属设备中进行的，以确保粉末状的染料不会与本色织物接触。染料的溶解最好在染色机中的一个单独区域进行，经过过滤之后再注入或运送至染色机的槽内，一般采用细的不锈钢网进行过滤。将染料加入染色机时也需要严格控制以确保染料均匀分布，在10min左右将染料加入染色机内是比较理想的，尤其是对于迁移性较低的染料。

图 16-21 溢流喷射染色机

三、匹染染色机

用于匹染的染色机有多种类型，如溢流喷射染色机、传统绳状染色机、卷染机、经轴染色机。

（1）溢流喷射染色机。最常用的是溢流喷射染色机，如图 16-21 所示，在喷射染色机中织物通常以绳状运行。染色机的运行条件应严格控制以避免机械对织物造成的损伤（如变形、毡缩等）。

较早的溢流喷射染色机不适用于羊毛的染色，因为这种染色机会赋予织物剧烈的机械运动，现在新型的溢流喷射染色机的机械运动比较温和。在这种类型的染色机中，织物是靠染液循环的喷射运动和一个增厚卷筒来驱动的，不同染色机中这个卷筒高于染液的高度是不同的，而且会影响织物经向的张力。对于针织物及一些结构松散的机织物，用较低的起重机是较好的。

染色机中运用的喷嘴有多种尺寸，选择适宜的尺寸以确保机械运动与有效的染液循环之间的平衡。喷嘴尺寸与织物重量之间的关系见表 16-2。

表 16-2　喷嘴尺寸与织物重量之间的关系

喷嘴尺寸（mm）	织物重量（g/m²）
60	100~200
70	150~300
85	150~500
100	400~700
120	600~900

（2）传统绳状染色机。如图 16-22 所示。某些传统绳状染色机至今仍在使用，但大多数已经被溢流染色机或温和的溢流喷射染色机所替代。

与溢流类型的染色机相比，传统绳状染色机主要有两个缺点：染液与织物的交换速率较低；所用织物形式是绳状的，可能会形成擦伤痕。

（3）卷染机。如图 16-23 所示。卷染机广泛应用于棉织物和合成纤维织物的染色，但是很少用于羊毛织物的染色。在这种染色机中，织物上的张力很难控制，因此织物可能会被拉伸，织物的这种拉伸属于永久定型，一旦产生则必须对织物进行重新定型以使其去除。

图 16-22　传统绳状染色机

图 16-23　卷染机

（4）经轴染色机。如图 16-24 所示。在羊毛织物匹染时偶尔会使用经轴染色机，采用这种方法染色时织物是开幅的且可以赋予织物一定的平整定型，但一般不适用于粗纺重型织物，因为会使经过清洁整理的织物表面产生波纹。

（5）现代匹染机的主要组成部分。

①容器，通常可以进行密封加压并可提供多种工艺。

②驱动织物运动的卷轴。

③溢流喷嘴，将染液喷射到织物上。

④附加槽，用于添加助剂和染料。

⑤感温探头及 pH 感应探头。

⑥热交换器。

图 16-24　经轴染色机

为了达到匀染性，必须使织物通过溢流喷嘴的次数最少，绳状织物在染色机中最佳的循环时间为 1.5~2.0min，织物在染色机中运行的速度取决于织物的性能和绳状织物的长度。在大多数的匹染机中，一般使用润滑剂来促进织物在染浴中的运动。润湿剂和消泡剂对所有的匹染过程都是有利的，尤其是结构紧密的、染液渗透困难的织物。

四、匹染中使用的助剂

匹染中可以使用助剂使匹染的效果最佳。常采用的助剂如下。

（1）匀染剂。保证匹染过程中的匀染是非常重要的，所选用的匀染剂种类和用量取决于所用染料的性质及其应用水平。在染料配方中应用匀染剂时，必须有足够的时间使匀染剂在染浴中分散均匀，并与织物达到平衡。例如，40℃时，匀染助剂至少需要 10min 的循环才能在染浴中分布均匀并与织物达到平衡。现在大多数生产商对其开发的每一种染料都有配套的助剂产品，以使染料在一定的 pH 条件下有较高的上染率。

（2）消泡剂。可以抑制染色过程中泡沫的产生，但是消泡剂会沉积在染色容器的内壁上，也可能使织物上形成斑点，所以在染色时最好选用低泡助剂。一般必须使用消泡剂时，需要尽量使用最少量的消泡剂。高比例的合成纤维与羊毛混纺织物中的纺丝油剂会与消泡剂发生反应从而影响其染色过程。

五、匹染中的调色与对色

有些时候调色是很有必要的，以使所染织物的颜色符合客户允许的色差范围。可以在染色初始阶段控制新染浴的颜色的准确性，也可以在染色结束时对染浴的颜色进行纠正。

1. 不同染料的调色条件

调色与对色的机理取决于染料的种类和用量，不同染料调色时的条件如下。

（1）酸性匀染染料。冷却至 80℃ 左右，缓慢地加入染料，以 1℃/min 的速度升温至煮沸，运行 30min。

（2）耐缩绒酸性染料和 1∶2 金属络合染料。冷却至 60℃ 左右，缓慢地加入染料，以 1℃/min 的速度升温至煮沸，运行 30min。

（3）活性染料。冷却至 50℃ 左右，缓慢地加入染料，以 1℃/min 的速度升温至煮沸，运行 30min。

2. 颜色不均匀或色差较大的解决措施

如果所染的颜色特别不均匀或色差非常大，则无法通过调色与对色对颜色进行修正，此时可以用以下两种措施解决。

（1）剥色后重新染色。使用助剂将大部分的染料从羊毛纤维中去除，一般是在碱性条件下应用还原漂白剂（如保险粉）。大多数的酸性染料都可以用这种方法剥色，但是与蛋白质分子形成化学键的活性染料很难剥色。

（2）染黑。黑色是羊毛产品中很流行的颜色，因此，染色工作者可以用黑色染料（如含铬酸性媒介染料或活性染料）对产品重新进行染色，将其作为黑色产品进行销售。

六、匹染后的烘干

与其他染色方式相同，匹染后必须对织物进行烘干。加热烘干的成本较高，因此为了节约成本，烘干前先对织物进行机械脱水以使织物中的含水量减少至 60%~70%，甚至更少。机械脱水主要有以下三种方式。

（1）旋转脱水。织物在高速旋转中进行离心脱水，该方法比较简单、成本低。但属于间歇式工艺，需要进行织物的装载和卸载。

（2）吸气槽脱水。该方法是一种连续式的开幅工艺，将织物通过一个狭窄的沟槽，织物中多余的水分被吸出，可以使用鼓风机帮助吸气。

（3）轧布机脱水。织物在两个辊筒之间被挤压以去除多余的水分。

脱水后通常采用拉幅烘干机对织物进行烘干，如图 16-25 所示。拉幅烘干是整理中最关键的工序之一。此工序不仅可以烘干织物，而且还可以将织物调整至需要的尺寸，纠正湿整理中产生的任何的拉伸。拉幅烘干机可以是单层的或多层的，一般每层的温度可独立控制。

在拉幅烘干机中使用的控制器：温度计来控制每个烘箱的温度；空气湿度计来控制空气的湿度，确保回潮率的稳定；织物湿度计，测试机织物的含水量，避免过度干燥或烘干不足。

织物射频烘干机也可用于对匹染后的织物进行烘干，如图 16-26 所示，但是较少使用，因为这种烘干机的运行成本相对较高，而且无法控制织物的尺寸。

图 16-25　拉幅烘干机

图 16-26　织物射频烘干机

七、匹染中的质量控制

在匹染中可能会产生很多疵点，因此染色后的织物必须经过检验。可能出现的疵点有以下几种。

（1）绳状或擦伤痕。如图 16-27 所示，染色中在径向方向形成的永久或半永久性的折痕是很难去除的，这种疵点通常是由于染色之前的预定型不恰当而阻止了绳状的打开造成的。为了避免出现这种疵点，可采取的措施有：染色前对织物进行恰当的预定型；增加织物运行的速度；降低冷却的速度；减少设备的载荷；适当增加喷嘴的压力或使用尺寸稍大的喷嘴；

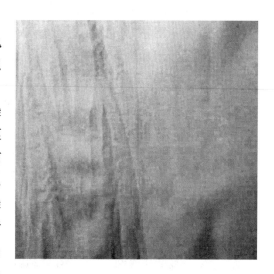

图 16-27　擦伤痕

确保染浴的温度不能过高。

（2）杂乱的暗纹。主要是织物中不受控制的纱线所造成的扭曲，是由不恰当的预定型引起的，在某些结构的织物（如平纹织物）中容易出现这种疵点。为了避免出现这种疵点，可采取的措施有：采用恰当的预定型；增加绳状织物运行的速度；增加浴比。

（3）起毛。织物表面的毛羽过多，是由于织物所受的机械力过大引起的。为了避免出现这种疵点，可采取的措施有：降低绞盘运转的速度和喷嘴的压力，给予织物足够的循环运转时间以降低机械作用；对织物进行缝袋并采用反面染色，筒状的针织物一般也采用反面染色。

第四节　成衣染色

成衣染色常用于针织产品的染色，如粗纺的针织产品、袜品等，也可用于全成型产品中衣片的染色，还可用于棉和合成纤维的机织服装染色，但是很少用于羊毛机织物的染色。产品的生产周期非常短，可以随时应对市场及时尚的变化。

需要注意的是，用于成衣染色的针织物的结构与用纤维或纱线染色的针织物的结构是不同的，在严格的条件下，针织物的覆盖系数、纱线的捻度都需要改变。对于粗纺羊毛类针织产品，正确的工序为：洗呢、缩呢、防缩整理（可选的）、染色、应用树脂（若需要）。

一、成衣染色前的准备工作

1. 精纺成衣染色的准备工作

（1）抗皱整理。某些织物尤其是全成型的精纺织物在洗呢之前需要经过抗皱整理以稳定针织物的结构。此整理可以阻止针织物结构中的线圈扭曲，从而避免织物表面产生变形。抗皱整理可以在桨叶式染色机或滚筒式染色机中进行。在桨叶式染色机中进行抗皱整理的方法为：将染浴加热至沸腾，桨叶的速度设置为最低，加入成衣。在滚筒式染色机中进行抗皱整理的方法为：将染浴加热至沸腾，加入成衣，从侧槽中迅速加入沸水并使设备运转，然后停止运转但仍保持沸腾，保持 10min（在此段时间内，桨叶或滚筒在 10~20s 旋转两次），在最低的旋转速度下缓慢加入冷水，温和冷却至 40℃，若冷却过快会形成永久的折痕，必须避免产生这种情况。

（2）洗呢。用 3%~5% 的洗涤剂（根据需要可添加碳酸钠）对成衣进行洗涤。

精纺针织物，尤其是精细针织物，需要有清洁的表面，因此不需要缩呢。

2. 粗纺成衣染色的准备工作

粗纺成衣染色前的准备工作包括洗呢、缩呢、防缩整理（可选的）。

所有的成衣在染色前都必须经过洗涤，以去除加工中使用的油剂、杂质等。洗呢的方法为：加入 3%~5% 的洗涤剂、1%~2% 的纯碱，然后运行 3~15min 进行热洗，最后冷却。

粗纺的成衣一般需要缩呢工序，以获得所需的丰满手感和传统的表面性能。缩呢的方法为：加入 1%~3% 的缩呢剂，运行 40min（缩呢的时间取决于需要缩呢的程度），热洗后冷却。

在成衣染色中，服装的结构对染色质量有一定的影响。衣身处和接缝处所用的纱线应该一致，否则染出的颜色会不同；结构紧密厚实的接缝处，如 V 领或肘部，会使染料和防缩化学整理剂的渗透性较差，从而导致染色不匀或这些区域的颜色过浅，因此，可以对衣领单独进行染色，或者在前道准备和染色工序中将衣领打开。成衣在染色时最好反面朝外，以尽可能减少表面起绒。

生产宽松结构的针织服装时还需要进行防缩整理，因为结构宽松的针织物染色时施加到织物上的机械作用会产生毡缩或起绒，经过防缩整理后可以减少染色时出现毡缩的可能性。防缩整理可赋予织物不同程度的稳定性，有时还可赋予织物可机洗和滚筒烘干的性能。防缩整理可采用的工艺包括使用二氯异氰脲酸（DCCA）氯化、使用过氧酸盐（如过一硫酸）氧化等。使用经过防缩整理的羊毛纺成的纱线制成的针织物，在染色之前只需要洗呢工序，但若要获得粗纺织物的外观还需要进行缩呢工序。

成衣准备工作之后、染色之前需要进行多种检查，主要如下。

（1）需要观察缩呢的程度和洗呢或缩呢后成衣的外观，以确保缩呢程度适当且均匀。

（2）需要用规定的方法测试成衣中残留油脂的含量，如果含量过高，会对织物的防缩整理及染色有负面影响。测试方法有维拉快速测试法和索氏萃取法两种，一般要求索氏萃取法的测试结果不超过 0.8%。

二、成衣染色中染料和助剂的选择

1. 成衣染色中染料的选择

成衣染色中染料的选择主要取决于最终产品对色牢度的要求。

酸性匀染染料及 1∶1 金属络合染料可用于消费者使用时无须水洗的成衣的染色。这些染料的优点是，可以通过延长在沸水中的时间使染料的迁移性、匀染性、缝隙渗透性较好，但是应用于防缩整理的成衣染色时，在沸水中延长的时间不能过长，否则会引起过多的毡缩。

耐缩绒酸性染料可应用于浅色、中色、深色的手洗衣物的染色，若应用于可机洗衣物的染色，则需要经过特定的后处理。

1∶2 金属络合染料及弱酸性染料在沸水中的迁移性能有限，因此必须确保在达到固色温度之前进行匀染。

活性染料在染料与羊毛反应温度以下时具有较好的迁移性，因此，在达到固色温度之前确保其匀染性和缝隙渗透性是非常重要的，起染温度一般是 30℃，以降低染料的上染速率。

2. 成衣染色中助剂的选择

在成衣染色中，需要的助剂主要包括以下几种。

（1）润湿剂。保证衣服的接缝处及结构紧密的区域具有良好的渗透性。

（2）释酸剂。与强酸性染料配合使用的助剂，可使上染速率比较均匀以减少发生染色不匀的可能性。释酸剂可以在染浴中缓慢分解释放酸，逐渐降低染浴的 pH，这可以使染料在染色的初始阶段迁移性较好，从而使染色均匀。加入释酸剂后的优点为：增加染料的迁移性和匀染性、改善接缝的渗透性、增加不同批次之间颜色的可再现性。一般在染色的初始阶段加入释酸剂，常用的释酸剂包括巴斯夫公司生产的 Eulysin WP（用量为 1~2g/L）和科莱恩公司生产的 Optacid VS、VAN（用量为 0.5~2g/L）。染浴最终的 pH 取决于初始 pH、水的硬度和释酸剂的用量。释酸剂对 pH 的调节作用如图 15-1 所示。

（3）匀染剂。保证匀染性和衣服接缝处的渗透性。

三、成衣染色机

用于成衣染色的染色机通常有边浆式染色机、挡板式染色机、旋转式染色机三种。边浆式染色机和旋转式染色机如图 16-28 所示。

(a) 边浆式染色机　　　　　　　　　　　　　(b) 旋转式染色机

图 16-28　成衣染色机

边浆式染色机染色时的机械运动相对温和，用于不需要缩呢成衣的染色以及要求表面光洁的精纺服装的染色；用于粗纺产品的染色时，若要获得与旋转式染色机相同的缩呢程度则所需要的时间更长。

边浆式及挡板式染色机也可用于对织物进行化学处理（如抗皱整理、柔软整理），挡板式染色机被广泛用于针织品的染色。挡板式染色机中液体的流动少，因此染色和防缩整理的均匀性比边浆式染色机差。

旋转式染色机通常更加复杂，因而需要严格地控制。旋转式染色机的机械运动相对剧烈，可以对织物进行缩呢；自动化程度较高；需要的浴比小，可节约用水。在此染色机中，旋转的速度不能过高，适当的速度对于获得较好的液体交换和匀染性是非常必要的，一般采用15~20r/min。旋转式染色机可提供三种不同的配置：侧面装载的染色机，通常是为成衣准备设计的；前面装载的染色机，通常是为成衣整理及染色设计的，洗呢、缩呢及染色过程可在同一设备中完成；简单的染色机，通常是为洗呢和缩呢设计的。

在染色机上配有速度控制器及自动化的时间或温度控制器，但是这会增加染色机的复杂程度，如反向旋转装置、间断旋转装置、高速脱水装置、液体均匀传感器、热填充设备、热转换器、助剂/染料的自动混合和添加装置。在抗皱整理中，快速热填充设备是必需的。在某些设备中可以采用不同的条件分别进行洗呢、缩呢和染色。

四、成衣染色中的质量控制

1. 控制毡缩的措施

在成衣染色中，需要严格控制衣服的毡缩。为了避免出现毡缩，可采取的措施如下。

（1）使用一些特殊的助剂。

（2）允许一些服装在未经过防毡缩处理之前进行染色。

（3）使用水溶性的聚合物树脂覆盖于羊毛织物的表面，以减少由于纤维与纤维之间的相互作用而产生的毡缩。这些聚合物在染色之前加入染浴中，染色后通过漂洗工序去除；但这些聚合物不适用于机械作用剧烈的染色机，一般应用于慢速的边浆染色机中。

2. 成衣染色后需要进行的质量控制

（1）对被染色衣物质量的检测。如多余的缝线、衣服接缝处松散、接缝起皱、接缝较厚、破洞、切口、撕裂或纱线断裂、结头，每件衣服上最多4个疵点，如图16-29所示。

（2）对最终衣物的检测。检测范围包括：对色，色差在顾客允许的误差范围内；尺寸稳定性测试（松弛收缩和毡化收缩），与护理标签吻合；成衣主体与接缝的整体的匀染性；总体的外观，如表面、褶皱等；毡缩现象；手感；沾污，尤其是非羊毛纤维；破洞、切口及撕裂；尺寸及重量；另外，具有代表性的批次还需要检测起球和顶破强力。

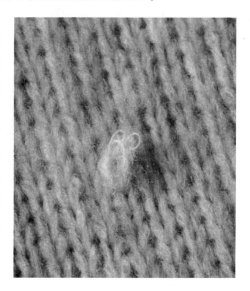

图16-29　衣服上的结头

重要知识点总结

1.羊毛的染色可以有多种形式：散纤维染色（一般用于粗纺产品）、毛条染色（一般用于精纺产品）、绞纱染色（一般用于针织纱）、筒纱染色（一般用于机织纱和某些针织纱）、织物染色（匹染）、衣片染色（一般用于全成形针织衣片）、成衣染色（一般用于针织产品）。每种染色形式都有其各自的优点和缺点，在生产周期、染色均匀性、颜色一致性、色牢度等方面各有不同。

2.每种染色形式染色前，都需要进行染色前准备，将羊毛产品加工成适合染色的卷装。

3.所使用的染色机取决于羊毛的形式。在不同的染色机中染色后可能出现的问题包括匀染性、擦伤痕、起毛等。

4.每种染色形式中所需要的染料配方取决于羊毛的形式、染色机的性能、最终产品所需要的性能。

练习

1. 纤维染色的优点和缺点各是什么？

2. 纱线染色的优点和缺点各是什么？

3. 筒子纱染色和绞纱染色的优点和缺点分别是什么？

4. 织物匹染的优点和缺点各是什么？

5. 成衣染色的优点和缺点各是什么？

第十七章　羊毛混纺的染色

学习目标

1. 理解羊毛混纺的染色。

2. 掌握羊毛与合成纤维混纺的染色方法及典型配方。

3. 掌握羊毛与天然纤维混纺的染色，包括羊毛与纤维素纤维混纺染色的典型配方以及羊毛与蚕丝混纺染色的典型配方。

用其他纤维与羊毛纤维混纺主要有以下三个原因。

（1）美学原因。与特定的纤维混纺可以改变织物的外观，如羊毛与黏胶纤维混纺可以改善织物的光泽，在同一个染色工序中可以获得多彩的织物；与特定纤维混纺可以改变织物的手感；与特定的纤维混纺可以使织物更加休闲，如羊毛与棉混纺可用于制作衬衫、牛仔服等。

（2）改善物理性能。如选择涤纶或锦纶与羊毛混纺可以提高羊毛织物的强度，且涤纶可以赋予织物和成衣易护理的性能。

（3）降低成本。用成本较低的纤维部分地代替羊毛，可以减少产品的成本，增加产品的市场占有率。

羊毛可以与合成纤维、天然纤维、人造纤维进行混纺。

羊毛与合成纤维的混纺主要包括羊毛/涤纶、羊毛/锦纶、羊毛/腈纶、羊毛/氨纶、羊毛/涤纶/氨纶、羊毛/锦纶/氨纶等。羊毛与涤纶混纺的主要原因是可以降低产品的成本，增强织物的耐用性（撕裂强度和耐磨性比纯毛织物高）、改善织物的易护理性能，防止毡缩，提高表面的光滑性。其中已商业化生产的混纺产品中，涤纶的比例通常可以为20%、30%、40%、55%、75%。羊毛与锦纶混纺通常用于手工编织和地毯纱线中，有时也用于弹性服装面料中，添加锦纶可以提高织物的强度且降低成本。羊毛与腈纶混纺广泛应用于针织物和软装饰中，可降低成本且可扩大染色的范围。羊毛与氨纶混纺产品中，氨纶可以赋予羊毛产品较好的延伸性。

合成纤维的物理性质和化学性质均与羊毛纤维有较大的不同。与染色相关的主要物理性能包括纤维的细度、表面性能、横截面、消光、纹理等；合成纤维的化学特性会影响染座的类型和数量、纤维的玻璃化转变温度、纤维在水中的溶胀、染料的迁移性能等，这些都会影响混纺染色的过程和最终可染的颜色。

羊毛与天然纤维的混纺主要包括羊毛/棉、羊毛/亚麻、羊毛/细的动物纤维（如羊绒）、羊毛/蚕丝等。这些混纺产品的美学性能（如手感、外观）与纯毛产品的美学性能是不同的。

羊毛与人造纤维的混纺主要包括羊毛/再生纤维素纤维（如黏胶纤维）、羊毛/再生蛋白质纤维（如阿迪尔）。在羊毛中添加人造纤维可使其最终织物获得新颖的美学性能。

第一节　羊毛混纺染色的难点

混纺的染色系统主要分为两种类型：使用的染料对两种纤维都具有亲和力（一浴法染色）、每一种纤维使用不同的染料（二浴法染色）。一浴法染色的优点是可以减少染色的时间、能源和劳动力成本，但是所使用的染料应对两种纤维都有很好的亲和力或者对其中任何一种纤维均无亲和力，且使用的染料和助剂必须兼容，否则会产生交叉沾色。

羊毛混纺的染色比纯纺的染色难，主要难点如下。

（1）交叉沾色问题。染料容易上染至一种纤维上而不易上染至另一种纤维上，会导致交叉沾色。如果交叉沾色比较快，则染料会留在纤维中；如果交叉沾色不快，则必须阻止染料沾染至纤维上。这一问题可以通过以下方法避免：使用特定的助剂（如缓染剂）、使用二浴法染色代替一浴法染色。

（2）染料的相容性问题。如果在同一染浴中同时使用带相反电荷的染料，则可能会产生染料的共沉淀（如毛/腈混纺用阴离子型染料染羊毛、用阳离子型染料染腈纶）。为了避免出现共沉淀问题，必须添加助剂，如分散剂。

（3）染色条件的不同。如果一种纤维的染色条件（如较高的温度、较高或较低的 pH）会对另一种纤维造成损伤，则需要使用保护剂。

必须使用两种（或两种以上）染浴染色的情况包括：不同纤维的染色方法不相容、交叉沾色无法接受且无法避免。

第二节　羊毛/涤纶混纺的染色

如果分别对羊毛和涤纶进行染色，则可避免混纺染色的缺点；对混纺纱线或织物进行染色时，选用一浴法染色还是二浴法染色，取决于所使用的染色系统。

羊毛/涤纶混纺的染色可以用很多种方法，需要注意的是，羊毛一般是用阴离子型染料在100℃左右进行染色，而涤纶一般需要用分散染料在120℃时加压进行染色。因此，混纺染色时存在的问题是：在100℃时分散染料对涤纶的吸附是很慢的，如果采用一浴法进行染色需要使用扩散加速剂（载体）；在120℃时会对羊毛造成严重的损伤，此时需要使用羊毛保护剂。为了避免以上问题，一浴法染色时，可以使用折中的温度，大约106℃时同时使用扩散加速剂和羊毛保护剂进行染色。

许多染料生产商可以提供混合染料，已成功用于羊毛/涤纶混纺的染色，如 Forosyn 染料、Foroson SE 染料，这些染料是用金属络合染料和分散染料混合而成的，可以用一浴法染色。一般可以用于以下混纺比例的染色：羊毛/涤纶 45/55、羊毛/涤纶 60/40、羊毛/涤纶 70/30。

在羊毛/涤纶染色时，为了获得较好的染色效果，正确选择分散染料的种类是非常必要的。

选择的主要依据是对还原剂的稳定性较好（因为染色后洗涤时需要使用还原剂）、对羊毛的沾色少，如 Terasil 分散染料，这种染料在 120℃时比较稳定而且迁移性、分散稳定性也较好。因此，可以使用 Terasil 分散染料与兰纳洒脱染料混合，在 pH 为 4.5 时对羊毛/涤纶混纺进行染色。

羊毛/涤纶混纺的染色工艺条件如图 17-1 所示。

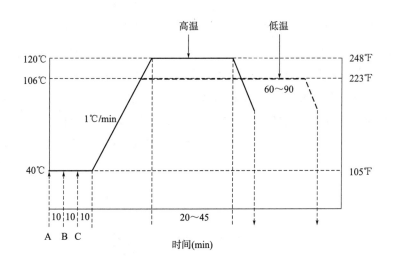

图 17-1　羊毛/涤纶混纺的染色工艺

如图 17-1 所示，可以在较低的温度（106℃）染色，也可以在较高的温度（120℃）染色。图中，A 处添加 0.5g/L 的阿白格 FFA、1g/L 的米勒蓝 Q；B 处添加 0.5% 的阿白格 SET、4% 的 HTW 或米勒兰 HTP、0~2g/L 的 UNIVADINE PB、1g/L 的醋酸钠、x% 的醋酸（浓度为 80%）、pH 为 4.5；C 处添加 y% 的兰纳洒脱染料、z% 的 TERASIL 染料。其中 x、y、z 的具体数值取决于染浴的起始 pH 以及所要染的颜色深度。

（1）106℃的染色工艺条件。使用扩散加速剂（载体）以加速涤纶对染料的吸附。扩散加速剂或载体可以使涤纶膨胀，从而加速染料的渗透和迁移。当染色温度低于 120℃时，为了保证涤纶的染色效果，必须使用扩散加速剂，但是过多的扩散加速剂会产生阻塞效应，这取决于涤纶的种类。

（2）120℃的染色工艺条件。在此温度下，分散染料对涤纶的上染较好，但是为了确保羊毛纤维不受损伤，需要添加羊毛保护剂（如米勒兰 HTP、IRGASOL HTW）；染色时间一般为 45min，最长为 60min；在此温度下染色时，建议添加扩散加速剂，尤其对于深色产品（黑色或海军蓝），以使涤纶获得较好的上染率。

对于较细的机织用纱，建议染色时的最高温度为 115℃。

第三节　羊毛/锦纶混纺的染色

锦纶最常见的种类为锦纶 66 和锦纶 6，锦纶 6 对染料的亲和力比锦纶 66 的亲和力高。

　　羊毛和锦纶的化学性质有一定的相似之处，这两种纤维的主要染座都是氨基，所以这两种纤维可以使用同一种染料进行染色。羊毛/锦纶混纺的染色可以用酸性染料或金属络合染料，但很少使用活性染料（染特定的颜色时可以采用），媒介染料不能用于锦纶的染色，分散染料可以用于锦纶的染色但不适用于羊毛的染色。

　　羊毛和锦纶的染色在动力学和饱和度上存在不同，如图17-2所示：在动力学方面，锦纶的染色速率比羊毛纤维的快；在饱和度方面，由于羊毛纤维中含有的染座数量较多，因此羊毛纤维可吸附的染料比锦纶的多。由于在这两个方面的不同，羊毛/锦纶混纺染色时通常需要使用缓染剂。缓染剂一般是无色的阴离子型复合物，对锦纶有较高的亲和力，因此，缓染剂可以与锦纶中的染座结合防止染料上染的速率过快，减小锦纶和羊毛纤维上染速率的差异。所使用的缓染剂的用量取决于所使用的染料种类、染料浓度、纤维种类，这一用量必须在初始实验中确定，常用的缓染剂包括亨斯曼公司生产的 ERIONAL RF、汽巴公司生产的 CIBA-FIX PAS 等。

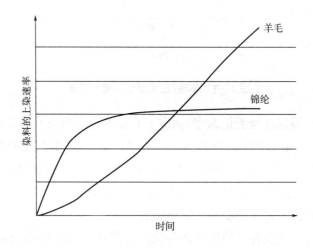

图 17-2　羊毛与锦纶染色性能的差异

　　羊毛/锦纶混纺典型的染色工艺见表17-1。使用的染料种类取决于所需要的湿牢度；pH的范围会影响上染率和匀染的速率。

表 17-1　羊毛/锦纶混纺典型的染色工艺

染料	Sandolan E Nylosan E	Sandolan MF Nylosan N	Sandolan Milling N Nyloson F
缓染剂	Thitan SRP 0~6%		
匀染剂	Lyogen MF 0.5%~1%		
锦纶条花覆盖性	Lyogen PN 或 Sandogen CN 1%~2%		
pH 范围（用醋酸钠或醋酸调节）	4.5~4.0	5.0~4.5	5.5~4.5
染色温度（℃）	85~90	90~98	95~98

第四节 羊毛/腈纶混纺的染色

羊毛/腈纶混纺广泛用于针织纺织品，如运动服、休闲服、男女士外套。

羊毛/腈纶混纺产品通常以纱线形式进行染色（绞纱或筒子纱）。一般先将羊毛纤维和腈纶混合，纺纱后对纱线进行染色，染色时采用二浴法。一般采用酸性染料或金属络合染料对羊毛进行染色，一般采用阳离子型染料（如 Maxilon 染料）对腈纶进行染色，这种方法的优点是色谱广（包括明亮的色调）、总体的湿牢度好、染浴的稳定性好、可采用三原色体系染色。选择阳离子型染料最重要的标准是对还原剂的敏感性（因为羊毛染色后的洗涤需要使用还原剂）和在羊毛上的保留性（避免阳离子型染料对羊毛纤维的交叉沾色）。

用兰纳洒脱染料和 Maxilon 染料对羊毛/腈纶混纺染色的典型染色工艺如图 17-3 所示。

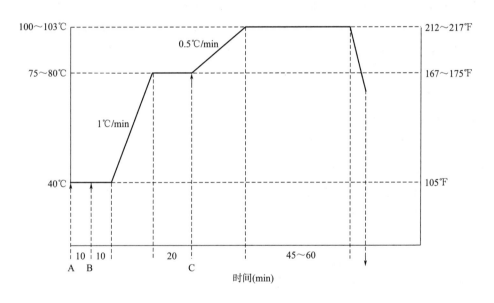

图 17-3 羊毛/腈纶混纺的典型染色工艺

在图 17-3 中，A 处添加 0.5g/L 的 CIBAFLOW CIR 或阿白格 FFA、1g/L 的米勒兰 Q、0.5%~1% 的阿白格 SET、0~3% 的无水硫酸钠、1g/L 的醋酸钠、用浓度为 80% 的醋酸将 pH 调整为 4.5；B 处添加 $y\%$ 的兰纳洒脱染料；C 处添加 $z\%$ 的 Maxilon 染料、0~1% 的 TINEGAL MR NEW。在 pH 为 4.5、温度为 60~65℃ 时用 1g/L 的 IRGASOL DAM 对染色后的混纺品进行洗涤，然后进行彻底的漂洗，可以提高深色产品的湿牢度。其中 x、y、z 的具体数值取决于染浴的起始 pH 以及所要染的颜色深度。

对于黑色产品，采用二浴法染色效果较好，先对腈纶进行染色，然后在新的染浴中对羊毛纤维进行染色，最好采用兰纳素染料/Maxilon 染料，染色后需要在 pH 为 8.0~8.5 时用碳酸钠或碳酸氢钠进行洗涤，以去除表面的染料或未固色的染料。

第五节　羊毛/棉混纺的染色

羊毛/棉混纺产品已经商业化生产很多年了，但是其市场占有率不高。

羊毛/棉混纺产品一般用于机织物中，如衬衫、牛仔布，其优点是手感柔软、比纯毛产品的成本低，但是也有很多局限性，如染色的时间很长、成本较高，尤其是经过防缩整理后的羊毛/棉混纺的染色特别困难。

一、染色前的准备工序

羊毛/棉混纺产品染色前的准备工序取决于被染物的形式（纱线或织物）、产品的性能（精梳棉或普梳棉）、可用的染色设备。染色前的准备工序一般包括退浆、定型、洗涤或漂白，必须避免使用通常用于棉纱或棉织物的碱煮练和退浆工艺，因为碱性条件会对羊毛造成损伤，可以在弱酸性或中性条件下进行煮练，以减少染色过程中对羊毛的沾色。退浆时通常采用酶退浆的方法，既能去除浆料中的淀粉又能不损伤羊毛纤维。

二、羊毛/棉混纺的染色

羊毛/棉混纺可以用多种方法进行染色，可采用的主要方法如下。

（1）用同一种染料进行染色。如活性染料。许多棉用的活性染料对羊毛也有一定的亲和力，而且对防缩整理后的羊毛的亲和力比对未经过整理的羊毛的更高，因此，需要对染色条件和助剂浓度进行一定的改进，有时也需要使用羊毛用的活性染料来填充羊毛的色调。

（2）用两种染料进行染色。一般使用酸性染料或金属络合染料对羊毛进行染色，使用直接染料对棉进行染色。

（3）防缩羊毛/棉混纺的染色。防缩羊毛对阴离子型染料的亲和力比未处理羊毛的大，所以需要使用阴离子型缓染剂以控制染料对羊毛的上染速率，缓染剂的用量主要取决于所染的颜色，可高达6%。实践证明，直接染料可用于防缩羊毛/棉混纺的染色，但是应选用对羊毛沾色较少的直接染料，染浅色时不需要进行后处理，染深色时一般采用匹染方式且需要进行后处理。

羊毛/棉混纺典型的活性染料染色工艺如图17-4所示。

在图17-4中，A处建立染浴，在染浴中加入0.5g/L的消泡剂、0.5g/L的螯合剂、1g/L的抗还原剂、2%~5%的阴离子型缓染剂、2g/L的分散剂/保护胶体（可选）、10~50g/L的硫酸钠，用醋酸或苏打粉将pH调整至7；B处加入活性染料；C处进行固色，添加5~10g/L的苏打粉（以一定的比例在15~30min内加入）以确保最终的pH为9.8~10.2。采用的阴离子型缓染剂有缓冲的作用，因此随着缓染剂用量的增加也需要增加苏打粉的用量。最后，进行漂洗、冷却，以去除多余的染料、盐和碱。在清洗之前必须在40~50℃时，用醋酸将染浴中和使其pH为7，以避免皂化过程中对羊毛的损伤。

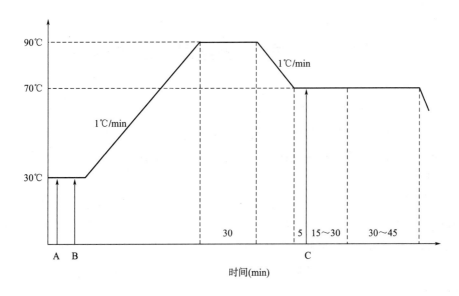

图 17-4 羊毛/棉混纺典型的活性染料染色工艺

羊毛/棉混纺典型的非活性染料染色工艺为：用直接染料染棉、用酸性染料染羊毛，一般采用匹染方式，浅色也可以采用纱染方式，为了确保良好的湿牢度，采用阳离子试剂进行后处理是非常重要的，但是染浅色时不需要此步骤。其染色工艺如图 17-5 所示。

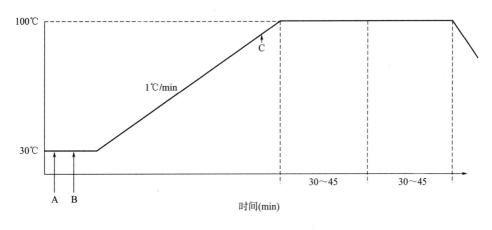

图 17-5 羊毛/棉混纺典型的非活性染料染色工艺

在图 17-5 中，A 处在染浴中加入 1g/L 的润滑剂、匀染剂（可选）、4% 的硫酸铵、4%~6% 的阴离子型缓染剂、用醋酸将 pH 调整至 6.5~6.8；B 处加入酸性染料和直接染料；C 处加入盐。

阳离子试剂进行后处理的工艺为：在染浴中加入 5g/L 的硫酸钠、0.5%~2% 的液态固色交联剂 E50、用氨水或醋酸将 pH 调整至 6.5~7，然后升温至 60℃，运行 15~20min，最后进行漂洗。在后处理时也可以添加软化剂来提供非离子或阳离子。

第六节 羊毛/蚕丝混纺的染色

羊毛/蚕丝混纺（其中蚕丝占5%～50%）主要用于高档的机织和针织产品中。

蚕丝也是一种蛋白质纤维，其化学性质与羊毛类似，因此可以使用同一种染料对羊毛和蚕丝进行染色。应用于混纺中的蚕丝在混合之前需要进行脱胶，以避免丝胶对染色性能和色牢度的不良影响。

蚕丝的种类和品质（如桑蚕丝、柞蚕丝等）会影响染料在羊毛纤维和蚕丝中的分布，因此，在染色过程中需要使用硫酸钠来控制染料的均匀分布，硫酸钠可以阻碍染料对羊毛的吸附而加强染料对蚕丝的吸附。再者，染料在两种纤维中的分布还取决于pH，pH较低时蚕丝的染色较深。此外，当染色温度较低时，蚕丝的染色较深，但是羊毛的湿牢度较差，因此最佳的染色温度为90℃。

羊毛/蚕丝混纺典型的染色工艺如图17-6所示。A处建立染浴添加助剂，B处添加染料。

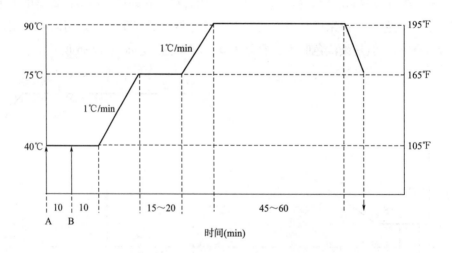

图17-6 羊毛/蚕丝混纺典型的染色工艺

第七节 羊毛/化学纤维混纺的染色

羊毛可以与多种化学纤维进行混纺，如再生纤维素纤维（如黏胶纤维、天丝）、经过化学改性的纤维素纤维（如醋酯纤维、三乙酸纤维）、再生蛋白质纤维（如 AZLON 纤维）。

1. 羊毛/再生纤维素纤维混纺的染色

黏胶纤维的生产商有很多，不同生产商所生产的黏胶纤维的化学性质相似，但是其染色性能可能不同。羊毛/再生纤维素纤维混纺的染色方法与羊毛/棉混纺的染色方法类似，但是由于再生纤维素纤维与棉纤维的染色速率及最终的上染率不同，需要对染色工艺进行适当的调整。

2. 羊毛/化学改性的纤维素纤维混纺的染色

醋酯纤维和三乙酸纤维可以用分散染料进行染色，因此，其与羊毛混纺产品的染色可以选用酸性染料与分散染料相结合的方法。

3. 羊毛/再生蛋白质纤维混纺的染色

与蚕丝相同，再生蛋白质纤维可以选择毛用染料进行染色。而且，再生蛋白质纤维的上染速率和最终的上染率与羊毛纤维的不同，这种不同取决于再生蛋白质纤维的种类及其生产方法（如湿法纺丝）。

重要知识点总结

1. 混纺的染色比较难，需要采用准确的染色工艺和染色实验室以确保羊毛纤维的品质不受影响。

2. 混纺织物的染色有两个选择：在混纺之前对纤维进行染色或以纤维、纱线、织物形式混纺后再进行染色；可以使用同一种染料对混纺产品进行染色，也可以使用两种或更多的染料类型对混纺产品进行染色，但此时需要专门的配方和工艺。染色方法的选用取决于混纺纤维之间化学性质的差异。

3. 一般，羊毛/锦纶混纺、羊毛/腈纶混纺的染色比较简单，因为可以在98℃、酸性或中性条件下进行染色；羊毛/蚕丝混纺的染色也可以在98℃、酸性条件下进行，但是染色的温度较低，所以会影响色牢度；羊毛/涤纶混纺的染色比较困难，必须平衡纤维损伤、染色牢度、最终产品的手感，分散染料的热迁移也是一个问题；羊毛/纤维素纤维混纺的染色是最难的，对纤维素纤维进行的预处理、染色、皂化等工序中所用到的碱会影响最终产品的手感。

4. 羊毛/锦纶混纺可以使用同一种染料染色；羊毛/涤纶混纺的染色需要使用专门的助剂（100℃染色时需要使用扩散加速剂或载体，120℃染色时需要使用羊毛保护剂，106℃染色时需要使用扩散加速剂和羊毛保护剂）；羊毛/蚕丝混纺可以使用同一种染料染色；纯羊毛或混纺产品的染色可以使用同一种染料（如活性染料），也可以使用直接染料和酸性染料的混合染浴进行染色。

练习

1. 蚕丝、锦纶、涤纶、腈纶、棉一般采用哪种染料进行染色？

2. 在羊毛/涤纶混纺的染色中必须使用哪种助剂？为什么？

3. 混纺染色的优点和缺点各是什么？

第十八章　染色实验室

学习目标

1. 理解染色实验室的作用及实验仪器。

2. 掌握在染色实验室中进行的主要测试及测试方法。

染色实验室对染色生产有至关重要的作用。染色实验室必须对染色过程进行控制，且对产品的生产和销售有重要的支持作用。染色实验室的具体作用如下。

（1）分析并控制水及新型染料的用量。

（2）分析并控制新型纺织材料的染色。

（3）配色并确定生产配方。

（4）分析评价新型染料及助剂。

（5）开发新产品及新工艺。

（6）解决染色过程中出现的问题。

（7）为客户及销售部门提供技术支持。

（8）对染色后产品的色牢度进行评估。

（9）对染色后的产品进行质量控制。

第一节　染色实验室的布局及所用仪器

一、染色实验室的布局

理想情况下，染色实验室应是恒温恒湿的，尤其是测色区域和试样准备区域，因为试样的含水量会影响其重量及颜色测试结果。

染色实验室中需要包括：空调、测色区域、试样准备区域、染料和其他化学品的储存和称量区域、性能测试区域。

染料和其他化学品的储存和称量区域应分开，以防止出现不同化学品的交叉污染。如果在染色实验室中需要使用国际认证的光源箱进行与视觉有关的测试和评估，则实验室中不需要有一个北向的窗户（在南半球是南向的窗户）。

二、染色实验室中的主要仪器

（1）天平。对染料、化学试剂、试样等进行称重。

（2）溶液配制及分配的仪器。用于对染液进行测试。

（3）小型染色机。如图 18-1 所示，用于对染料类型和配方进行测试及开发。小型染色机中的运动包括：垂直的往复运动；旋转运动，可将染液与织物封闭在不锈钢的染缸中，对染浴进行加热（如红外辐射加热）；染液的循环运动，在染色机中织物是静止的，通过泵将染液输送至织物上。

（4）pH 计。羊毛的 pH 对染色有显著的影响，尤其是用快速上染的染料时，如 1：2 金属络合染料、耐缩绒酸性染料、活性染料。

（5）观察柜。用于评估试样的颜色及色牢度。

（6）染料、化学药品和织物的储存柜。

图 18-1 小型染色机

第二节 主要的测试及其方法

一、颜色测试

1. 测色仪

在现代化的染色实验室中，颜色测试是非常重要的。为了得到有意义的结果，测试时需要使用正确的方法。

现在有很多生产测色仪及相关软件的生产商，这些测色系统必须包括配方预测与颜色控制软件，此外，还可以有附加的软件（如白度、色牢度测试系统）。常用的 DataColour 测色仪如图 18-2 所示。

用测色仪进行颜色测试时，试样的制备非常重要。纤维染色实验时，可使用毛毡垫或将纤维样品纺成纱线或制成针织物或将纤维置于玻璃板上；纱线染色实验时，可将纱线制成针织物或将纱线缠绕于平板上；织物染色实验时，一般对未整理的织物进行测试，但是整理后织物的颜色可能会发生变化，所以也需要对整理后的织物进行测试。

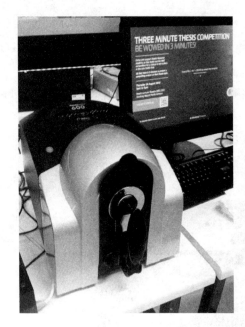

图 18-2　DataColour 测色仪

2. 配色及颜色控制

染色实验室的作用之一为配色并对颜色进行控制，为了配色的准确性，需要对染色的精度进行评价。测试颜色准确性和染色配方重现性的方法如下：选择 10 种不同的颜色，使用标准的染料及配方在实验室中对样品进行染色；一周或数周后，再重复做一次上述的染色实验；测试这两次实验得到的染色织物的色差，要求所测得的最大色差需要在允许色差的范围内，如果色差不符合客户的要求，则需要实施一定的方法进行质量控制。上述实验方法比较复杂，不适用于实际生产；在实际生产中，用同一染料配方染色的每一批次的色差值都应该进行测试并记录，并使用质量保证软件以使色差最小。

二、pH 测试

测试 pH 的方法有很多种，其中可采用的一种方法如下。

羊毛 pH 测试的标准为 IWTO-2-96，测试的方法如下：称取 2g 重的羊毛置于装有 100mL去离子水的锥形瓶中，摇晃 1h 后用校准好的 pH 计（图 13-12）测试羊毛的 pH。

三、上染率及移染率测试

目前，测试上染率和移染率的方法有很多种，其中可采用的一种方法如下。

（1）准备可染 10g 样品的染液，将 4g 的样品置于染浴中，在 40℃时开始染色。

（2）以 1℃/min 的速率升温至 100℃，在此过程中，每隔 10min 向染浴中加入 1g 样品。

（3）继续染色 60min。

染色后，样品之间颜色深度和色调的差异反映了染料的上染性和移染性。羊毛染色中容易出现的潜在问题是跳色，这一问题可以通过以下方法评估：用 1% 的 C. I. 活性黄 39、1% 的

C. I. 酸性蓝 185 在 pH 为 5 时染色，观察染色的效果。

四、色牢度测试

染料的色牢度测试包括耐日晒色牢度、耐水洗牢度、耐手洗色牢度、耐机洗色牢度、耐干洗色牢度、耐汗渍色牢度、耐氯色牢度、耐摩擦色牢度等。

染料的色牢度必须满足后道工序的需求、最终产品用途的要求、消费者的要求以及有关规定的要求。需要在染色实验室中进行哪种色牢度的测试取决于被染纺织品的性质。对于混纺产品或特殊用途的产品，可能还需要进行其他色牢度（如耐升华色牢度）的测试。

图 18-3　装有氙弧灯的测试设备

1. 耐日晒色牢度

耐日晒色牢度是指染色后的织物经过光照射后的牢度，现代的测试方法中所用的光源一般是氙弧灯（图 18-3），但是之前使用的白炽灯光源在某些特殊的测试中仍在使用。耐日晒色牢度测试的标准之一为 ISO 105-B02：2013，此标准中包括以下方面的规定：所使用的光源及其规格、在光源下曝晒的方法、何时结束曝晒、测试方法及测试结果评定等。耐日晒色牢度一般可分为 9 级（1~9 级），级数越高表示耐日晒色牢度越好。

2. 褪色牢度及沾色牢度

除了耐日晒色牢度的测试，染色后的产品还需要进行其他方面的测试（如耐洗色牢度），并且需要观察颜色的变化、不同种类纤维上的沾色量等。

按照 ISO 标准规定的方法进行褪色牢度和沾色牢度测试时，需要用灰色样卡对褪色牢度和沾色牢度进行评级，如图 18-4 所示。与之相关的标准 ISO 105-C06：2010 中还包括以下方面的规定：样品测试的流程、用灰色样卡评定颜色变化和沾色的流程、测试结果是否达到所需要规格的标准。

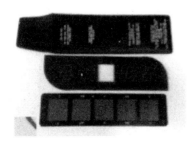

图 18-4　灰色样卡

褪色牢度一般分为 5 级：5 级为颜色几乎不变、4 级为颜色变化较小、3 级为颜色变化明显、2 级为颜色变化很大、1 级为颜色变化特别大。

沾色牢度一般分为 5 级，级数越高表示沾色牢度越好、织物越不容易被沾色。

重要知识点总结

1. 染色实验室是染色产品质量保证的关键，本章主要介绍了染色实验室的作用，以及在染色实验室中需要进行的测试。

2. 染色实验室中应包含的关键仪器包括：颜色测试仪及光源箱、小型染色机、分光光度计、色牢度测试仪及测试标准、灰色样卡。

3. 每一种测试都有很多的标准可以使用，具体采用哪种标准取决于产品的性质以及顾客的要求。

练习

1. 染色实验室的作用是什么？

2. 染色实验室中一般需要有哪些仪器？请说明这些仪器的作用和使用方法。

第十九章 染色的副作用

学习目标

1. 理解羊毛染色过程中对羊毛纤维所产生的损伤的类型及各种损伤对羊毛加工过程的影响。

2. 掌握染色可能产生的各种副作用及避免副作用的方法。

染色可以赋予纤维或织物颜色，但是也会使其产生很多变化，有些变化是有益的（如织物的手感更加柔软），有些变化是有害的，因此需要在染色过程中加以控制以避免产生有害的变化。染色过程中可能产生的副作用包括：对纤维的损伤（取决于羊毛的形式）、梳毛后纤维长度减短、降低纺纱效率、降低纱线强度、降低络筒和整经效率、降低织造效率、降低织物拉伸强力和撕裂强力、降低织物耐磨能力、使纤维泛黄、造成羊毛尖端风化和小色斑、降低或增加纱线的蓬松性（一般蓬松性的降低问题较大，尤其是针织纱）、织物中产生过多的湿膨胀、匹染中会产生擦伤痕、染色牢度不当等。

第一节 染色对羊毛的损伤

染色过程中，最主要的副作用是对羊毛纤维造成损伤，原因可能是：在添加染料时羊毛需要在沸水中较长的时间；染色时温度较高，尤其是 100℃ 以上的温度；酸性匀染染料或 1:1 金属络合染料需要在强酸性条件下染色；某些耐缩绒染料需要在相对较高的 pH 条件下染色。染色后，羊毛中某些固有的损伤会更加严重，如羊毛纤维在生长过程中的风化损伤（如尖端效应会导致色斑）、染色前处理工艺造成的损伤（如洗毛、炭化、防毡缩处理）。

所有的染料都会造成纱线强力的下降，不同种类的染料染色后造成的纱线强力和延伸性下降的程度见表 19-1。

表 19-1 染色对纱线强力和延伸性的影响

染料	纱线	强力（cN）		延伸度（%）	
		21tex×2（48/2公支）	18tex×2（56/2公支）	21tex×2（48/2公支）	18tex×2（56/2公支）
未染色		290	306	14.8	26.4
酸性染料	可控	266	263	15.1	22.4
耐缩绒染料	可控	250	242	12.5	16.9
1:2 金属络合染料	可控	248	232	11.3	12.9
媒介染料	可控	260	261	12.4	19.3

一、染色中导致羊毛损伤的原因

学者们已经提出了一系列的机理来解释染色对羊毛纤维、纱线、织物性能的损伤。

当羊毛在强酸（pH 为 2~3）或强碱溶液中加热至煮沸时，会引起蛋白质分子中的肽键发生水解作用（图 19-1），蛋白质分子的溶解会造成羊毛重量及强力的损失。在强碱性溶液（pH 大于 9）中，氧化物攻击不稳定的氨基酸会造成羊毛纤维的黄变，也会造成细胞膜复合体的改变，从而降低羊毛纤维的强力。染浴对羊毛的永久定型作用使其形成新的结构，从而导致羊毛强力的

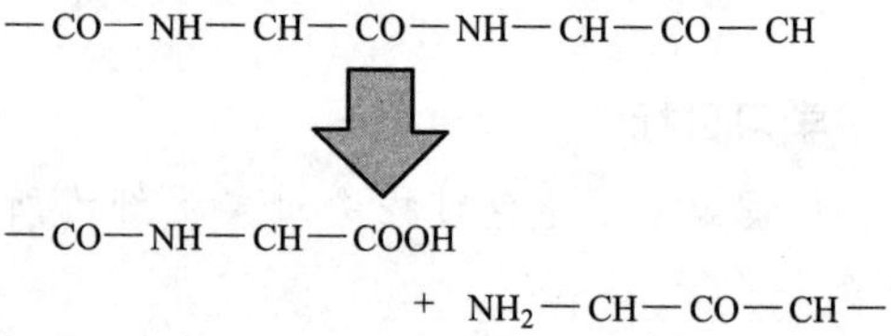

$$-CO-NH-CH-CO-NH-CH-CO-CH$$

$$-CO-NH-CH-COOH$$
$$+ NH_2-CH-CO-CH-$$

图 19-1　蛋白质分子的水解

下降，因此，阻止染浴中的永久定型可以减少这种损伤。在常规的染色过程中，可以采用以下方法减少羊毛纤维损伤的程度：减少在沸水中的时间；避免过高的温度，尤其是 100℃ 以上的温度；将染浴的 pH 控制在羊毛的等电点附近（pH 为 4.5~5），此时，染浴中的氨基离子和羧基离子的浓度是最高的，羊毛蛋白质分子最稳定。

二、染色中羊毛的化学变化

染色过程中羊毛蛋白质大分子所发生的化学变化如图 19-2 所示。在强酸条件下，蛋白质分子链上的酰胺基会水解，从而使分子链的长度变短。在碱性条件下，胱氨酸会降解为蛋氨酸和赖氨酸。半胱氨酸中的二硫键和胱氨酸中的侧基会被染色中用到的氧化剂氧化成不同的形式，从而使纤维的稳定性变差、蛋白质的水溶性增加，导致纤维的重量损失增加。较敏感的氨基酸（如色氨酸）会降解产生有色物质。非角质蛋白质的稳定性比角蛋白的差，在染色过程中更容易受到攻击，从而导致从羊毛中去除的可溶性蛋白质的量增加、纤维的重量损失增加。

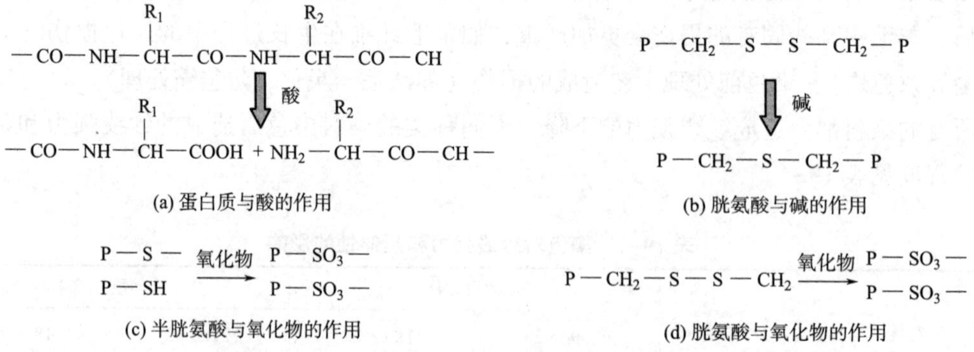

$$-CO-NH-\underset{R_1}{CH}-CO-NH-\underset{R_2}{CH}-CO-CH$$

$$\xrightarrow{\text{酸}}$$

$$-CO-NH-\underset{R_1}{CH}-COOH + NH_2-\underset{R_2}{CH}-CO-CH-$$

(a) 蛋白质与酸的作用

$$P-CH_2-S-S-CH_2-P$$

$$\xrightarrow{\text{碱}}$$

$$P-CH_2-S-CH_2-P$$

(b) 胱氨酸与碱的作用

$$\begin{matrix} P-S- \\ P-SH \end{matrix} \xrightarrow{\text{氧化物}} \begin{matrix} P-SO_3- \\ P-SO_3- \end{matrix}$$

(c) 半胱氨酸与氧化物的作用

$$P-CH_2-S-S-CH_2 \xrightarrow{\text{氧化物}} \begin{matrix} P-SO_3- \\ P-SO_3- \end{matrix}$$

(d) 胱氨酸与氧化物的作用

图 19-2　染色过程中羊毛蛋白质大分子的化学变化

三、羊毛的永久定型与纤维损伤的关系

1. 羊毛的永久定型

羊毛的永久定型与二硫键的交叉互换有关，可以通过硫醇自由基（半胱氨酸）或硫化氢

来催化二硫键的交叉互换。二硫键的交叉互换如图 19-3 所示。染色条件对于永久定型的量的影响如图 19-4 所示。

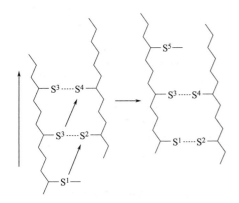

图 19-3 羊毛中二硫键的交叉互换

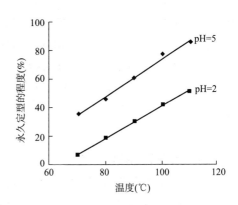

图 19-4 染色条件对永久定型的量的影响

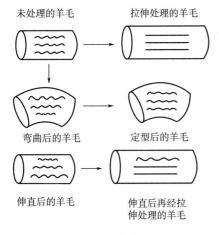

图 19-5 纤维损伤的机理

如图 19-4 所示，可以通过以下方式增加永久定型的量：提高染色的温度、增加染色的时间、提高染浴的 pH。

2. 永久定型引起羊毛损伤的机理

在染色过程中，纤维会发生变形，而定型会使蛋白质大分子移动至新的位置，当染色后变形去除，则蛋白质大分子将不会再释放应力，进一步的应力会造成纤维早期的损伤，损伤的机理如图 19-5 所示。染色前后纱线强度的变化见表 19-2。

表 19-2 染色前后纱线的强度

染色状态		纱线强度 （N/tex）	
		经纱	纬纱
染色前		76	74
染色后	受控制	63	64
	加入抗定型剂	69	72

3. 染浴 pH 对纤维损伤的影响

众所周知，染浴的 pH 会对纤维造成一定的损伤。但当染浴的 pH 在纤维等电点区域时（pH 为 4.5~5），纤维中的盐式链接最多，纤维的稳定性最好，因此染色造成的纤维损伤最少。染浴 pH 对纤维损伤的影响如图 19-6 所示。

研究表明，pH 为 3~8 时可提取的蛋白质（羊毛明胶）的量最少，pH 低于 3 或高于 9 时可提取的蛋白质的量增加，从而使纤维的重量损失增加。在中性盐存在的情况下，pH 为 3.5~5 时可溶于水的蛋白质的量最少。纤维损伤的程度可以通过测试染色前后纺织品的重量损失和强力损失来表征。

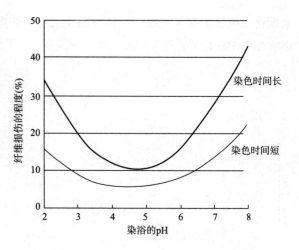

图 19-6　染浴 pH 对纤维损伤的影响

四、减少羊毛损伤的方法

为了减少染色对羊毛损伤的影响，需要限制纤维化学性质的变化、减少蛋白质分子的水解、限制对不稳定氨基酸的攻击、阻止永久定型。可采用的方法如下。

（1）控制染浴的 pH，使其稳定在羊毛的等电点区域。

（2）在染色时，采用更低的温度。

（3）减少染色的时间。

（4）使用适当的助剂来阻止永久定型。

（5）使用适当的助剂与羊毛纤维产生交联，从而阻止可溶性蛋白质的形成。

1. 低温染色工艺和"短时间"染色工艺

染色时间和染色温度与羊毛损伤之间的关系分别如图 19-7 和图 19-8 所示。减少染色的时间、降低染色的温度都可以减少染色过程中的永久定型量、减少蛋白质分子链的降解、减

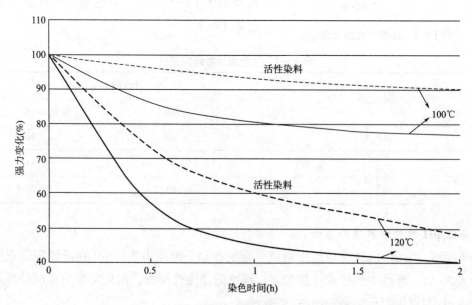

图 19-7　染色时间与羊毛损伤之间的关系

少蛋白质分子链中敏感侧基的化学变化。但是采用这两种方法也会产生一些问题：染料的迁移速率降低，造成环染；染色后湿牢度和摩擦牢度降低，染料不完全吸尽；用酸性匀染染料可能会产生染色不均匀。

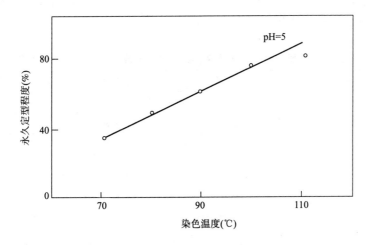

图 19-8 染色温度与羊毛损伤之间的关系

传统的 100℃ 染色工艺、添加 Sirolan LTD 的 90℃ 染色工艺、添加 Sirolan LTD 的短时间染色工艺的对比如图 19-9 所示。采用低温染色工艺时，需要添加特殊的助剂（如 Sirolan LTD）对羊毛进行预处理，此过程可以改变鳞片边缘和纤维内部的非角质区域、去除不稳定的脂质材料（包括少量的羊毛脂和非角质蛋白质）。预处理后，羊毛材料的染色性能可以得到改善，染料吸尽及扩散至纤维内部的速率增加，因此，可以在较低的温度下（85~90℃）进行染色，或者可以减少在沸水中染色的时间。

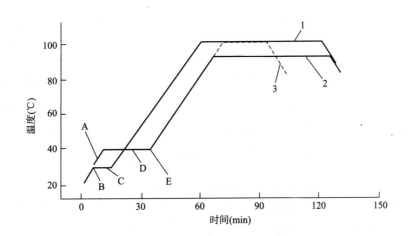

图 19-9 不同染色工艺的对比

A—化学预处理 B—添加助剂 C—添加染料 D—添加酸 E—添加染料

1—传统的 100℃ 染色工艺 2—添加 Sirolan LTD 的 90℃ 染色工艺

3—添加 Sirolan LTD 的短时间染色工艺

某些水溶性有机溶剂也可以加快染色的速率，但很少采用，因其会引起环境问题。烷基聚氧乙烯醚类物质也可应用于低温染色中，但因其有毒所以一般会使用聚氧乙烯醇。

使用助剂 Sirolan LTD 的低温染色工艺与沸水染色相比对精梳毛条、粗梳散羊毛、半精梳散羊毛的影响见表 19-3。从表中可看出，采用低温染色后，千锭时断头率、纱线强度、断裂伸长、总产量、精梳后的织造效率都有所改善。

表 19-3　低温染色与沸水染色相比对羊毛产品生产过程的改善程度

参数	精梳毛条	粗梳散羊毛	半精梳散羊毛
线密度（tex）	38	150	350
纺纱千锭时断头率（%）	25	86	81
纱线强度（%）	4	13	12
纱线断裂伸长（%）	17	14	12
产量（%）	—	6	2
织造效率（%）	10	—	—

用相同的染料（Lanacron 染料与 Lanaset 染料的混合），分别采用低温染色工艺与沸水染色工艺对为 64 公支/2 的机织纱线染色后，羊毛生产过程各性能参数的对比见表 19-4。从表中可看出，低温染色后纱线的各项性能都比沸水染色后的好。

表 19-4　采用低温染色工艺与沸水染色工艺染色后的性能对比

染色工艺	沸水染色	低温染色
染色温度（℃）	104	90
染色时间（min）	40	60
纱线强力（cN）	217	232
纱线断裂伸长率（%）	11.2	13.1
1000 纬的纬纱断头数	0.44	0.16
1000 纬的经纱断头数	0.68	0.25
整体的织造效率（%）	90.9	97.8

使用低温染色助剂在沸水中染色 20min（纱线 1）与在沸水中染色 60min（纱线 2）这两种染色工艺对纱线染色后，纱线的性能对比见表 19-5。从表中可看出，使用低温染色助剂在沸水中短时间染色，在降低纱线损伤的同时不会影响其色牢度，而且最终颜色也没有较大的区别。

表 19-5　不同染色工艺后纱线性能的对比

指标	色牢度（级）			物理性能		
	耐碱的湿牢度	耐干摩擦牢度	耐湿摩擦牢度	强度（cN/tex）	断裂伸长率（%）	断裂功（J）
本色纱线	—	—	—	7.1	15	1081
纱线 1	4	4~5	3~4	6.7	11.3	765
纱线 2	4	4~5	3~4	6.2	10.2	638

2. 使用抗定型剂

在 19 世纪中期，使用抗定型剂减少染色中的永久定型已被商业化应用。

目前，有以下两种方法可减少自由硫醇基的数量以抑制染色中的永久定型：在染浴中加入氧化剂或使用亲电化合物与自由硫醇基发生反应。目前常用的方法是在染浴中加入过氧化氢催化剂和少量的过氧化氢，或者加入具有亲和力的顺丁烯二酸酐（或酯），这些助剂或过氧化氢一般是在染色初始时加入，其他的工艺与常规工艺相同，但是过氧化氢只能用于对氧化剂不敏感的染料的染色过程中。

甲醛可与自由硫醇基发生反应，所以甲醛释放剂也可减少永久定型的量，但是甲醛对人体健康有害，因而此方法被限制使用。

高浓度（>3%）的活性染料可以与自由硫醇基发生反应，从而具有很好的抗定型性能，因此不需要再添加其他的助剂。

加入抗定型剂 Basolan AS 对羊毛散纤维进行染色与常规染色后纤维和纱线的性能对比见表 19-6，加入抗定型剂染色后纤维和纱线的强度增加，纤维和纱线的伸长率增加，纺纱过程中的断头减少（纺羊羔毛时，纺纱断头可减少17%；纺 Shetland 细羊毛时，纺纱断头可减少30%）。

表 19-6　抗定型剂对染色的影响

指标	未染色	常规染色	加入抗定型剂 Basolan AS 的染色
纤维强度（N/tex）	9.86	7.30	8.82
纤维伸长率（%）	50.2	38.2	43.3
纱线强力（cN）	—	255	291
纱线伸长率（%）	—	12.2	19

pH 对抗定型剂的影响如图 19-10 所示。采用氧化剂作为抗定型剂时，永久定型的量几乎

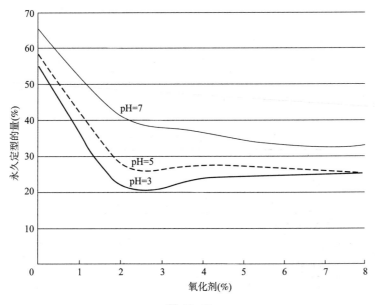

图 19-10

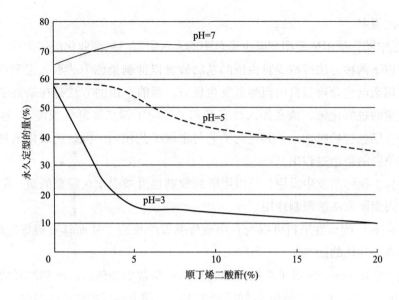

图19-10 pH对抗定型剂的影响

不受 pH 的影响；采用亲电子化合物顺丁烯二酸酐作为抗定型剂时，永久定型的量受 pH 的影响较大，当 pH 为 3 时，顺丁烯二酸酐的亲和力比较大，因此永久定型量的减少较大；当 pH 为 7 时，顺丁烯二酸酐的亲和力比较小，永久定型量的稍有增加。

在羊毛染色过程中，采用抗定型剂来减少羊毛永久定型对于羊毛制品的影响，同时还有其他的好处，如使用 Basolan AS（氧化剂）可使筒纱染色后纱线的蓬松度增加，见表19-7。

表19-7 抗定型剂对纱线蓬松度的影响

指标		纱线强力（N）	纱线伸长率（%）	蓬松度（cm³/g）	
				染色后	染色和汽蒸后
未染色		383.9	9.9	8.1	13
加入 Basolan AS	筒纱染色	346.2	12.3	8.7	14.3
	绞纱染色	363.5	12.3	10.9	14.3

抗定型剂对织物湿膨胀的影响见表19-8。

表19-8 抗定型剂对织物湿膨胀的影响

织物	染料	湿膨胀（%）			
		未加定型剂染色后		加入 Basolan AS 染色后	
		经纱	纬纱	经纱	纬纱
Crespino	1:2金属络合染料	3.32	3.63	2.72	3.01
Sirofil	耐缩绒酸性染料	5.37	4.12	2.58	2.84
Sirofil	媒介染料	5.40	4.64	4.63	3.52
华达呢 A	耐缩绒酸性染料	3.60	8.18	2.56	4.57
华达呢 B	媒介染料	6.41	3.74	4.99	3.12

匹染后羊毛织物的湿膨胀通常会增加，因此在潮湿的环境中穿着羊毛服装时其外观会改变。从表19-8可知，加入抗定型剂，可以减少匹染后羊毛织物湿膨胀的增加，这对华达呢织物是比较好的，但是为了确保获得最好的效果必须对整理工艺和染色工艺进行优化。

加入Basolan AS染色后，织物的手感与常规染色后织物的手感几乎没有差异，其手感更接近毛条染色后织物的手感。

3. 减少蛋白质的水解

减少羊毛蛋白质的水解有以下几种措施。

（1）减少染色的时间和温度。

（2）加入纤维保护剂，如蛋白质水解物、脂肪硫酸酯、交联剂等，这些纤维保护剂将发生水解以保护羊毛蛋白质不发生水解，纤维保护剂已成功应用于受风化影响严重或受损伤严重的羊毛纤维的染色。

（3）使用甲醛释放剂与羊毛蛋白质分子链产生交联，降低染色时重量的损失，而且可以保持纤维的强力，但可能会使其延伸性下降；在较高的温度下（一般高于105℃）使用甲醛释放剂是比较有效的。

（4）烷基磺酸酯可以与羊毛表面产生粘连，从而减少蛋白质的水解。

4. 减少易受损氨基酸和细胞膜的损伤

减少易受损氨基酸和细胞膜的损伤的方法为：减少染色的时间和温度，避免在染色时使用较高的pH，使用羊毛保护剂，如蛋白质水解产物、脂肪硫酸酯。

第二节　染色的其他副作用

一、染色造成的羊毛尖端损伤和染色斑点

在羊的生长过程中，阳光中的紫外线和不同的天气会造成羊毛纤维尖端的鳞片细胞被破坏，从而使羊毛尖端的亲水性更好、对染料的吸附性更好，因此，染色后羊毛纤维的根部和尖端会存在色差，而且尖端损伤也会影响上染率和吸附平衡。

染色斑点是指不同纤维间的颜色或深度不同，在某些耐缩绒性染料和活性染料的染色中，此问题比较突出。

通常可以使用适当的匀染剂来避免尖端与根部色差以及染色斑点的产生。阳离子型或两性的聚氧乙烯醚类助剂（如亨斯曼公司生产的阿白格A、阿白格B、阿白格SET等）可用于改善匀染性，但是匀染剂用量过多会影响上染率。

二、羊毛防缩整理对纤维的损伤

使用氯和赫科赛特法可以对羊毛进行防缩整理，对经过防缩整理的羊毛纤维进行染色，则很容易对羊毛造成进一步的损伤，而使匀染更加困难。

控制羊毛防缩整理对纤维损伤的方法为：初始染色温度不能高于30℃，以降低染色初始

阶段染料的上染率；升温速率控制在 0.5~1℃/min；染浴的初始 pH 以 0.5~1 为单位升高；在染料加入之前延长初始的运转时间（至少延长至 15min）。

三、织物匹染的副作用

采用匹染的染色方式对织物进行染色，会产生较多的副作用。

（1）织物手感改变，这是由于匹染过程中纤维膨胀而产生的定型作用引起的。

（2）擦伤痕。这是由于织物不恰当的预定型、绳状织物未被正确开幅引起的。擦伤痕产生后，可采用的修正措施为：增加织物运行速度；降低冷却速率；减少机械负荷；适度增加喷嘴压力或使用更大尺寸的喷嘴；确保染浴的温度不会太高；使用抗定型剂阻止永久定型的产生。

（3）织物起皱。这是由于织物中不受控制的松弛、织物准备过程中不恰当的预定型引起的。添加抗定型剂几乎不能解决这一问题。

（4）织物起绒（或表面多毛）。这是由于匹染中剧烈的机械作用引起的。织物起皱后，可采用增加绳状织物运行的速度和增加浴比来修正。添加抗定型剂几乎不能解决这一问题。

因此，在匹染中需要采用一些折中的染色方案，如较高的染色温度可以改善染料的迁移性，但是会增加纤维的损伤；较低的 pH 可以改善上染率和吸附平衡，但是会影响匀染性；较大的染料分子染色后湿牢度较高，但是很容易染色不均匀。因此，染素色织物时，为了保证匀染性、湿牢度以及最少的纤维损伤，可以采用以下染色工艺，见表 19-9。

表 19-9　染色的折中方案

损伤最少时的染色条件		酸性匀染染料	耐缩绒酸性染料	活性染料	媒介染料
pH	4.5	2~3	约 7	6~7	3.5
时间	短	时间较长以达到匀染	时间较长以达到匀染	—	时间较长，需要络合
温度（℃）	约 90	100	100	100	—
助剂	保护剂	不使用	不使用	内在保护剂	不使用

重要知识点总结

1. 染色的主要副作用是损伤羊毛纤维，造成损伤的原因为：蛋白质的水解、纤维的永久定型和特定氨基酸的降解。

2. 纤维损伤后，对加工过程的影响为：梳毛后纤维长度减短，纺纱效率降低，纱线强度降低，络筒和整经效率降低，织造效率降低，织物的拉伸强力、撕裂强力以及耐磨性能降低，纤维泛黄。

3. 减少纤维损伤的方法：降低染色温度、缩短染色时间、将染色 pH 控制在等电点附近、使用抗定型剂、减少蛋白质的水解、减少易受损氨基酸和细胞膜的损伤等。

4. 染色产生的其他副作用还包括：手感发生变化、织物上的擦伤痕、纱线的蓬松性增加、织物起皱、染色斑点、织物湿膨胀过多等。

练习

1. 散纤维染色和毛条染色最主要的副作用是什么?

2. 在染色中导致纤维损伤的主要原因有哪些?

3. 低温染色对纤维的损伤小，原因是什么?

4. 抗定型剂的作用机理是什么?

5. 引起尖端损伤的原因是什么? 应如何修复?

6. 抗定型剂是如何影响散纤维和纱线的蓬松性的?

7. 什么是湿膨胀? 引起湿膨胀的原因是什么?

第二十章　染色引起的环境问题

学习目标

1. 了解与羊毛染色相关的环境问题。
2. 了解相关环境问题的解决措施。

如今消费者对纺织品的天然性的需求增加，羊毛产品因其洁净、绿色、可再生而受到消费者的青睐。

在服装的生产过程中，50%的碳排放量来自于染色和整理工序，15%来自于纤维生产、15%来自于纺纱、20%来自于机织或针织。据估计，服装所产生的环境问题中，80%来自于消费者的使用过程中，20%来自于服装的生产过程。

羊毛是一种天然蛋白质纤维，对环境是友好的，是生物可降解的、可再生的纤维，但羊毛加工过程中的部分工序对环境是有害的。羊毛染色和羊毛混纺染色过程中会产生较多的环境问题，包括水和能量的消耗、媒介染料的使用、染深黑色时重铬酸钾的使用、生产防缩毛条过程中排放的废水、品牌或标签所需要的色牢度等。

目前，很多国家都在制定纺织品加工的相关法规。例如，欧盟出台了限制含有特定材料的货物进口的法律——欧盟指令 2002/61/EC；新的欧洲化学品政策（REACH）于 2007 年 6 月 1 日生效，欧盟的羊毛加工者只能使用 REACH 规定的化学品；中国于 2015 年 1 月制定并执行了有关羊毛染色中废水排放的法律，限制染色废水中某些化学物质的含量。

为确保羊毛的生产过程符合所有的规定并保持其清洁绿色的形象，羊毛生产工艺需要不断地进行改进。

一、染色废水

染色中需要使用大量的水和能量，因此，染色中所使用的水和能量的成本是染色成本的主要组成部分，不同染色设备中所需要的水和能量是不同的。可以通过加强水和能量的回收再利用、低温染色、短时间染色、加强对染色废水的管理等方法来减少染色中水和能量的用量，其中回收再利用是非常重要的。

羊毛可以用很多种类型的染料进行染色，所用的染料不同，染色废水中所含的化学物质的种类及含量也不同。羊毛通常会与其他的天然纤维或合成纤维混纺，所用的混纺纤维种类不同，则染色废水中所含的化学物质的种类及含量也不同。

染色废水中所包含的污染物有硫酸、硫酸钠、染料、染色助剂、醋酸、氨水等，可采用的处理方法为生物降解法、化学法、膜处理法、氧化法、吸附法。

印花废水中所包含的污染物有硫酸、硫酸钠、染料、溶剂、染色助剂、醋酸、氨水、抗静电剂或增厚剂、尿素等，可采用的处理方法为生物降解法、化学法、膜处理法、氧化法、吸附法。

所有的印染废水都需要进行脱色处理，因为废水中的有色物质对环境的危害较大。

很多国家对印染废水中的可吸附卤化物（AOX）的最大含量做了规定，中国的规定是不超过 12mg/kg。羊毛加工过程中，可吸附卤化物主要产生于羊毛防毡缩处理工序中，氯与羊毛蛋白质发生反应时会产生可吸附卤化物。防毡缩处理后的羊毛在染色过程中，某些与氯反应的蛋白质分子仍然保留在纤维中，某些赫特塞特树脂聚合物也会被提取出来，某些活性染料中也含有可吸附卤化物，且某些可溶性有机氯蛋白会从羊毛中析出，这些都会形成染色废水中的可吸附卤化物。废水中的可吸附卤化物必须使用专业的方法去除。

二、媒介染色中的重金属

铬媒介染料具有很多优点，如价格便宜、浸染性好、得色深、匀染性好、湿牢度好，因此，被广泛应用于羊毛染色中，目前中国所用的 25% 的羊毛染料是铬媒介染料（尤其是染黑色和海军蓝色时）。但是，用铬媒介染料染色时需要使用重铬酸钾，重铬酸钾中的六价铬离子是致癌物质，因此已被欧盟禁用。

当重铬酸钾加入染浴中，在上染至羊毛纤维上时，六价铬离子会转变为三价铬离子，三价铬离子对环境的污染较少，但是不能直接取代六价铬离子，因为在酸性条件下含三价铬离子的铬盐对纤维没有亲和力，因此不能直接用作媒染剂。

很多国家对染色废水中的三价铬离子和六价铬离子的排放都有非常严格的限制，中国对六价铬离子的限制为 0.5~1mg/kg、对三价铬离子的限制为 2.0~5.0mg/kg、对总的含铬量的限制为 2.0~5.0mg/kg。

运用传统的染色工艺染色后，排放废水中总的含铬量为 200~250mg/kg，因此必须减少或避免重铬酸钾的使用，可以采用以下方法。

（1）优化工艺条件以增加铬的利用率。媒染阶段，加入硫酸钠，在 80~90℃ 下设置 pH 为 3.5~3.8，使用氨基磺酸代替甲酸，染色后的水洗不使用碱。

（2）在媒染浴中添加还原剂。在 80℃ 时加入硫代硫酸钠，这可以增加铬的上染，并能促进六价铬离子转化为三价铬离子。

（3）用 1-羟基羧酸、5-磺基水杨酸、马来酸等物质与含有三价铬离子的媒染剂产生络合。在媒染阶段，将所产生的络合物加入染浴中，同时加入大量的过氧化氢以获得较深的颜色和较好的湿牢度。过氧化氢的氧化作用与重铬酸钾的氧化作用类似。用以上方法染色时，不会氧化羊毛（对纤维的损伤较少），但不适合染深黑色。

（4）可以使用其他的金属盐作为媒染剂，如硫酸亚铁、硫酸铁、铝盐等，如图 20-1 所示。用铁盐或亚铁盐作为媒染剂用后媒法染色后得到的颜色与用重铬酸钾染色得到的颜色不同，但耐日晒色牢度和耐洗色牢度的差异较小；同时运用单宁酸和亚铁盐可以进一步改善色牢度，但所染的颜色依然与传统方法染色后的不同，因此这种方法还没有商业化应用。铝盐可以提高天然染料的耐日晒色牢度。

（5）使用不含铬的活性染料代替铬媒介染料。例如，亨斯曼公司生产的活性染料 Lanasol

CE，可以用于对未处理羊毛、氯化防缩处理后的羊毛、可机洗羊毛进行染色，染色后具有优异的湿牢度，尤其适合染深色，可以替代后媒法染色的媒介染料；德司达公司生产的活性染料 Realan EHF 染色时，废水中含有的可吸附卤化物较少，可以减少染色对纤维的损伤，减少染色时的重量损失，改善纱线的可纺性能，减少织造过程中纱线的断头，提高纺纱的产量。

(a) 铝媒染剂   (b) 铁媒染剂

图 20-1　其他的媒染剂

三、深黑染色的问题

对于羊毛，黑色已经是服装色彩中的重要组成部分。20 世纪 90 年代以来，特定的市场（尤其是日本）对深黑系列的需求量较大。传统方法中，一般用媒介黑 PV 染料（媒介黑 9）、媒介黑 T 染料（媒介黑 11）来染特黑色，而且很难用其他染料来替代这些染料。

为了获得特黑的颜色，在染色配方中需要多使用 13% 的媒介黑染料，并联合使用预氯化和硅后处理法，但是这会增加染色废水中铬的含量。

最近，亨斯曼公司和德司达公司声称其公司所生产的活性染料可以用于染特黑色而且不需要使用含铬染料。在羊毛的等电点附近，使用亨斯曼公司生产的活性染料 Lanasol Black CE-PV、德司达公司生产的活性染料 Realan Black MF-PV 对羊毛进行染色，所获得的颜色可以与媒介黑 9 染料得到的黑色深度相同；使用亨斯曼公司生产的活性染料 Lanasol Black CE、Dystar 公司生产的活性染料 Realan Black G 对羊毛进行染色，所获得的颜色可以与媒介黑 11 染料得到的黑色深度相同。这些活性染料还具有以下优点：湿牢度优异、色牢度与媒介黑染料的相同、符合 Oeko-Tex 标准 100、上染率和固色率高、重现性好、纤维的损伤少、纺纱效率高。

重要知识点总结

1. 羊毛染色过程中，相关的潜在环境问题包括：水和能源的使用、印染废水中的污染物。

2. 印染废水中的污染物包括：有毒的表面活性剂、前处理用到的化学品、染料、染色助剂、禁止使用的污染物（如重金属）、盐、酸、媒染剂等。在羊毛染色过程中，需要采用相应的措施控制上述污染物的产生。

3. 可以采用很多方法来减少染色废水中铬（尤其是六价铬）的含量，包括：优化染色工艺、在媒染浴中添加还原剂、采用无铬染料等。

4. 活性染料将逐渐取代铬媒介染料，即使是染色很困难的特黑产品。

练习

1. 列举羊毛染色过程中可能出现的环境问题。

2. 在染色废水中最常见的污染物是什么？

3. 为什么未上染的染料会造成环境污染？

4. 可以采用什么方法来处理染色产生的废水？